DESIGN PROCESS IN ARCH-ITECTURE

U0291530

建筑设计过程

[英国] 杰弗里·马克斯图蒂斯　著

李 致　甘宇田　胡一可　译

从构思到建成　全方位解析设计过程

江苏凤凰科学技术出版社·南京

江苏省版权局著作权合同登记号 图字: 10-2020-521号

图书在版编目（ＣＩＰ）数据

建筑设计过程 /（英）杰弗里·马克斯图蒂斯著；李致, 甘宇田, 胡一可译 . -- 南京 : 江苏凤凰科学技术出版社 , 2022.4

ISBN 978-7-5713-2792-7

Ⅰ. ①建… Ⅱ. ①杰… ②李… ③甘… ④胡… Ⅲ. ①建筑设计-研究 Ⅳ. ① TU2

中国版本图书馆 CIP 数据核字 (2022) 第 031339 号

建筑设计过程

著　　　者	[英国] 杰弗里·马克斯图蒂斯
译　　　者	李　致　甘宇田　胡一可
项 目 策 划	凤凰空间 / 张晓菲
责 任 编 辑	赵　研　刘屹立
特 约 编 辑	靳思楠
出 版 发 行	江苏凤凰科学技术出版社
出版社地址	南京市湖南路1号A楼, 邮编: 210009
出版社网址	http://www.pspress.cn
总 经 销	天津凤凰空间文化传媒有限公司
总经销网址	http://www.ifengspace.cn
印　　　刷	雅迪云印（天津）科技有限公司
开　　　本	710 mm×1 000 mm 1 / 16
印　　　张	12
字　　　数	100 000
版　　　次	2022年4月第1版
印　　　次	2022年4月第1次印刷
标 准 书 号	ISBN 978-7-5713-2792-7
定　　　价	79.80元

图书如有印装质量问题, 可随时向销售部调换（电话: 022-87893668）。

目录

什么是设计？

↑ 从平实到宏伟，设计是我们日常生活的一部分。或许解决问题是设计的基础，但设计师一直设法超越这一认知。盖达尔·阿利耶夫文化中心不仅满足了举行会议和举办表演的场地需求，同时也为繁华的都市创造了新的文化地标。**盖达尔·阿利耶夫文化中心**（阿塞拜疆巴库，扎哈·哈迪德建筑事务所，2013 年）

设计的基础是解决问题。对建筑师而言，设计的驱动力可以是客户提出"我们需要新的屋子""我们的办公室需要更多的空间"，或是建筑师自己提出的一些设想。无论面对怎样的问题或需求，设计的目标始终是提供解决方案。建筑师负责提供有关空间的解决方案，但有时，想要实现建筑师心目中最完美的设计非常困难。

什么是"好"设计？

设计没有绝对正确一说，成功的项目并不遵循某种单一而标准的过程。参与项目的个人或团队都有各自不同的设计方法和工作方式，通过有效的管理和整合，这些差异往往可以使项目呈现出最有价值、最令人满意的特色。

对"好设计"的理解是非常主观的：一个人认为不错，另一个人可能会感到失望。因此，我们应该考虑如何让设计创造"价值"，而不是纠结于如何做出"好"的设计。

自本世纪（21世纪）初，人们开始讨论"地标建筑"。地标建筑拥有引人注目的外观，很容易被公众识别。有些地标建筑还被公众起了昵称，如"小黄瓜"（伦敦圣玛丽斧街30号），"熨斗大厦"（纽约第五大道175号），"鸟巢"（北京国家体育场）等。广为人知并不能保障这些地标建筑的品质和经济效益，但这一现象充分展现了设计所能提供的价值。

↑ 每个人都会站在不同的角度来评价设计的好坏。材料的使用、建筑的形式、自然光线的利用以及许多其他因素都会影响我们对建筑的价值和品质的认知。**阿斯楚普·费恩利博物馆**（挪威奥斯陆，伦佐·皮亚诺建筑工作室，2012年）

↑ 设计的价值通常与建筑的用途及其所包含的意义有关。比如"鸟巢"这样的奥林匹克体育场，通过电视转播，能够被数百万人看到，使它成为东道国的象征。**北京国家体育场**（又名"鸟巢"，中国北京，赫尔佐格和德梅隆建筑事务所，2007年）

←　当建筑成为地标，被大众所熟知，它的价值也会因此提升。具有较高知名度的纽约"熨斗大厦"和伦敦"小黄瓜"，都是经商的理想地点。**第五大道175号**（又名"熨斗大厦"，美国纽约，丹尼尔·伯恩罕，1902年）

↑　地标建筑也可以成为文化符号或城市象征，被人们起了昵称的地标建筑更容易发生这种情况。**圣玛丽斧街30号**（又名"小黄瓜"，英国伦敦，福斯特建筑事务所，2004年）

↑↗　上海中心大厦独特的扭曲外形减轻了这座巨型建筑的风荷载，使整体结构变得稳固。扭曲的形体还可以调节自然通风。**上海中心大厦**（中国上海，詹斯勒建筑事务所，2015年）

→　在遭遇了毁灭性的地震后，双河村公共图书馆的设计师与当地木材公司合作，为村民提供了一个新的活动中心。设计的价值并非总是以成本或效率来衡量，很多时候，它隐藏在形式之中，具有深远的影响。**双河村公共图书馆**（中国双河，香港大学奥利维埃·奥特威尔和林君翰，2014年）

设计不仅能创造引人注目、令人难以忘怀的建筑，还能以看不见的方式创造价值。俗话说："测量两次，裁剪一次。"（或译作"在你剪帽子之前，总是要量一量"，出自约翰·弗洛里奥的语言学纲要第二章，1591年）这句饱含生活经验的话，常常被木匠们挂在嘴边，他们希望通过多次测量来避免发生差错，以节约材料。

在设计过程中，除了最大限度地减少浪费，建筑师还可以在其他方面提高效率。例如：通过详尽的计算可以减少能量的流失，降低加热或冷却建筑物所需的能耗；通过选用当地材料，可以减少材料运输过程中的损耗；通过选用可再生材料，能够节约相应的资源。这些设计方法都能促进可持续发展，减少建造的污染。

设计的价值需要谨慎的考量。有时，可以通过投资回报率的提高或运营成本的降低，准确地衡量出设计的价值。此外，还可以从其他角度来考量设计的价值。例如，建筑师与当地人合作，共同进行设计。这种"合作设计"的形式（将在第四章中进一步探讨）能够创造"社会价值"。在合作过程中，当地人变得更加了解自己的需求，并学会有意识地寻找解决方案。

设计的价值并不仅仅体现在可以测算的效用或引人注目的标志性外观上。建筑是一种体验式的存在，在生活中，几乎每时每刻，我们都行走于建筑周边或穿梭在建筑内部。无论是建筑体验，还是设计在策划这种体验时所起到的作用，都是抽象且无可估量的。设计所创造的最大价值，

在于它用多样的方式丰富着我们的生活，这种价值无法用时间或金钱来衡量。当我们看到一座美丽的建筑，无论是一个挑战认知的建筑，还是一个让生活变得更为轻松的建筑，它带给我们的惊奇与喜悦，都能丰富我们的个人生活，充实我们的社会。

建筑不仅能为我们提供住所和功能空间，还能展现我们的观点。无论是私人住宅、商业办公楼还是市政公共建筑，我们都能通过设计来表达自己希望他人所能了解的事物。这种表达与阐述，在设计过程中得以发展、完善和传达。

为什么需要设计？

在施工建造之前，我们先进行设计。在设计阶段考量项目的相关风险，就能在问题出现之前制定相应的解决方案。这一点具有可行性，而且至关重要。

建筑师肩负重任，他们的最终工作成果往往复杂且造价高昂。即便是一个小型项目，也可能需要协调许多不同人员、不同材料以及不同进度，还可能需要花费相当长的时间来等待。一个大型项目，甚至要几年才能建成，造价金额可以高达数千万（甚至数十亿）。小型项目（如住宅及其扩建工程）虽然花费较少，但对业主来说非常重要。因此，如果没有一个为项目建设人员指明方向的切实计划，施工商或承包商是无法开始工作的。

↑+↓+→ 这座树屋，由 19 世纪 30 年代砌砖工人所居住的一对小屋扩建而来。该项目对于业主十分重要，需要满足轮椅通行的空间需求。虽然只是一个小型项目，树屋的设计仍然需要不同专业人士的参与和协作。**树屋**（英国伦敦，6a 建筑事务所，2013 年）

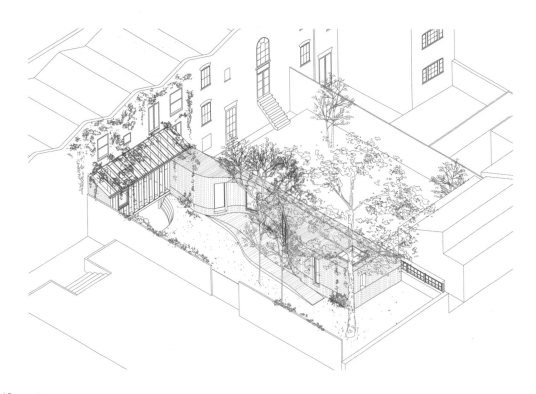

↑　关于建筑安全的最早规定出现在《汉谟拉比法典》的法条中。这些法条是人们利用设计来控制项目风险的早期例证。**汉谟拉比法典序言**（约公元前1754 年，现藏于法国巴黎卢浮宫）

→　这一室内设计需要协调数百种不同构件的生产、组合与安装，需要仔细地整理设计信息并将其转化为施工信息。**Hotel 酒店大堂**（澳大利亚堪培拉，March 建筑工作室，2014 年）

考虑到建筑规模、建造费用和所需时间，推敲方案时采用完整的建筑物作为设计原型是不切实际的。设计为我们提供了一种用来分析项目范围、概念参数和细节构造的方法。在实际消耗材料和劳动力之前，图纸、模型或其他表达方式，可以为我们设想建筑物的外观和构建途径提供帮助。

设计过程能够帮助我们更好地梳理安全问题。每个地方都有自己的规划建筑条例，这些条例形成了一套有关建设工程的最低标准，以确保建筑物安全坚固并能满足公众需求。设计过程可以使建筑师在施工之前尽可能地确保自己的建筑方案符合条例要求。对于大型项目的要求和限制可能非常复杂，需要许多不同领域的人员和团队投入其中。设计可以使地方政府和当地居民尽早地了解项目概况，把握项目特质。

谁来设计？

在工作实践中，我们经常谈论"设计团队"。任何项目都不会只涉及建筑师，而是需要由不同的专业人士在不同的领域开展设计。建筑师（或建筑师团队）负责建筑设计，结构工程师负责结构设计，其他人则负责配套设施的设计（如电气系统，加热冷却系统和通风系统）。有些超大型项目可能会邀请专家顾问以解决特定领域的问题，例如交通系统和停车布局。有些项目会邀请其他设计师来进行室内设计。

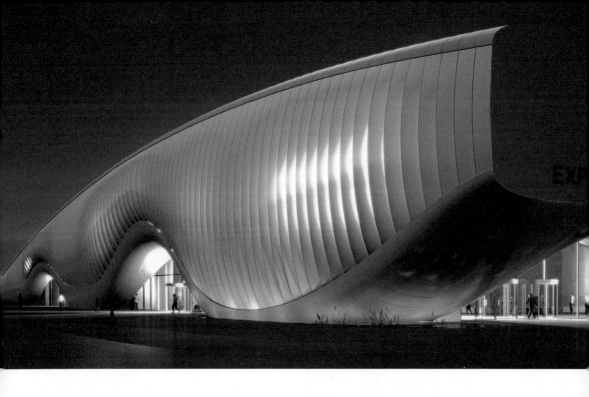

设计需要合作

为了适应日益复杂的建设目标和越来越多的人员团队，我们需要建立起更加系统的方法来组织和推进项目。如果建设工地上的每个人都按照自己的想法随意工作，会导致建筑物质量低劣甚至不符合法规条例。复杂的建筑需要长期的计划，该计划可以由不同的人来执行，但必须确保参与建设的个人或团体所承担的工作能够相互协调、步伐一致。

现代建筑的建设过程涉及许多不同领域的专业人士，包括建筑师、结构工程师、设备工程师、规划顾问、项目经理和施工承包商等。每个专业所处理的信息各不相同，各专业需要相互合作，才能完成建筑的设计和建造。

建设一座美观的、技艺高超的、实用性强的建筑，离不开众多专业人士的协同合作。在这一过程中，通常由建筑师负责组织、协调与整合。

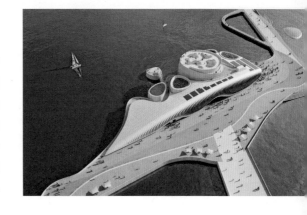

↑↑+↑ 2012 年世博会韩国馆的工程设计十分复杂。完成该项目需要一个大型设计团队，包括建筑师、工程技术人员、景观设计师和许多其他学科的专家。这座建筑装配有高科技动态照明系统，充分展现了建筑与工程之间的关系。
世博会韩国馆（韩国丽水，SOMA 建筑事务所，2012 年）

在一个设计团队中，除了建筑师，还有许多不同领域的专家。建筑师需要确保这个多元化团队中的每一位设计师都能参与讨论，从而使不同领域的优秀创意碰撞出火花。这意味着，在设计过程中，建筑师既是设计者也是协调者。

设计是一项服务

在现代商业语境中，设计是一项服务。

设计服务由个人或团体提供，皆在满足消费者的需求。从服务的角度来看，设计就是在寻找问题的同时提供一个清晰的解决方案。在建筑设计中，消费者需要的是某种类型的空间，建筑师所提供的服务就是给出一个能够满足这些需求的空间设计方案。

建筑师也可以提供建筑设计之外的其他服务，他们越来越多地参与到与建筑环境相关的其他活动中。例如，一些建筑师专门从事公众咨询，也就是与开发商和社区团体合作，共同举办研讨会或其他活动，来帮助项目利益相关者理解设计方案，探讨自身需求，从而针对他人提出的设计做出适当的回应。

↖+↑　建筑设计服务可以帮助客户实现他们的宏伟目标。维瓦托公寓是专为房地产集团设计的，其希望能够通过具有新视野的公寓生活来吸引潜在消费者。**维瓦托公寓**（厄瓜多尔基多，Najas 建筑事务所，2013 年）

许多大型建筑事务所提供与建筑学相关的其他设计类服务。建筑事务所可以提供广泛的设计服务，如产品设计、室内设计、平面设计等，这种做法有助于他们在日益激烈的市场竞争中生存。

设计需要反复

设计会延续到项目实施的各个阶段，涉及许多不同领域的专业人士。然而，设计最重要的特征是它的反复性。也就是说，设计无法一次到位，它是一个批判的过程，需要反复地尝试与斟酌。虽然针对一个项目不同角度的理解可能会产生不同类型的设计风格，但设计过程所遵循的基本步骤是大致相同的。

设计的反复性意味着设计方案可以被修改和优化。如果建筑设计只能发生一次，那么在施工开始之前就没有机会调整设计方案、提高设计质量了。如果没有反复的过程，我们的世界将变得低效且不尽人意。

设计是个性化的

当你还是个孩子时，你可能会用积木、乐高，或其他你能找到的材料来制作某种东西。回想起来，这似乎是一种自然而然的行为。但事实上，在制作过程中，你的大脑会思考如何将这些材料彼此连接，这时，你就是在做设计。

如果你刚刚开始学习建筑设计，要记住你并非从零起步，我们都有一些为了制作某样东西而琢磨、思考的设计经验。孩童时期，我们对于事物本身的样子没有概念，这让我们可以尽情地探索和实践。成年后，我们对世界有了更深的体会，这让我们拥有更多机会去丰富、充实自己的设计理念。

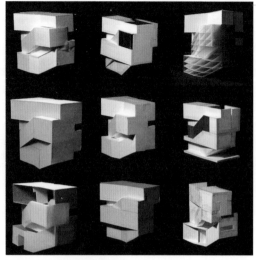

↑↑+↑ 休伦之家的设计灵感来源于自然景观，却寻求建筑与自然的对立。休伦之家的建筑形式是根据周围环境和景观视野设计的，设计师将模型作为设计过程中推演方案的关键方法。在设计团队的反复推敲下，方案得以完善。设计是非常个性化的，设计师可能会受到任何事物的启发。但是，对设计理念的斟酌和修改是每个设计过程中必不可少的一部分。**休伦之家**（美国密歇根州，Zago 建筑事务所，2008 年）

当你注视一位成功建筑师的作品时，你会被这些建筑中所蕴含的独特性所触动。建筑师的作品展现了他们的想法，以及他们看待世界的方式。这些建筑师的成功源于他们对设计过程的理解，更重要的是，他们探索并确立了自己的设计过程。

虽然设计的最终目的是为了满足他人的需求（用户、业主、甲方），但每个设计师发现问题和解决问题的方法与步骤都有专属于自己的风格特色。建筑师的最大乐趣之一，就是看到自己的设想成为现实、自己的设计过程得以顺利实施。

如何使用本书

这本书对于正在考虑学习建筑，或者刚刚开始学习建筑的人十分有用。设计过程的内在特征使它可以应用于各种设计方向，本书主要通过建筑案例展开叙述。书中图片所展示的案例包括著名建筑师设计的实际项目和建筑学学生的设计作品。

如果你刚刚接受建筑学教育，了解设计过程可以为你提供多方面的帮助。这本书不会教你如何设计，也不会将设计简单地评价为好或坏。但是，这本书会帮助你理解各种设计过程的操作手法，从而支持你的设计创想，并启发你探索和制定自己专属的设计过程。

第一章：设计过程的各个阶段 介绍设计的一般性质和设计过程的各个阶段。

第二章：设计过程的工具 介绍设计师的工作方法和用于设计过程的工具。通过分析各种"效果"，将设计过程与设计结果联系了起来。

第三章：设计过程的模型 从更抽象的视角来分析设计过程，使我们能够了解设计过程如何以特定的方式推动项目进程。通过分析将设计过程转变为可视化模型的多种途径，比较有关设计过程的各种研究方法，以探寻不同的研究方法如何形成不同的设计过程，以及如何产生不同的设计效果。

第四章：设计过程的方法 探讨建筑师在设计过程中深化构思的各种方法。从概念到功能，使用了一系列案例，来解析不同的设计方法如何生成不同的建筑方案。

第五章：项目的界定 详细探讨了项目早期阶段的工作内容，和设计过程在项目早期阶段的作用。

第六章：设计过程的推进 展示设计过程的起步及推进，探索各种类型的推进方式，进一步理解设计在整个项目进程中的发展路径。

第七章：完整的设计过程 从设计的初始阶段，到施工建造，再到使用后的改进，通过对一个项目的全过程跟进，解析设计在每个阶段所扮演的不同角色和不断变化的形式。

第八章：制定自己的设计过程 讨论建筑师共同面对的问题，以便探索和制定专属于自己的设计过程。建筑师推进设计的方法各具特色，设计过程使建筑师个性化的工作方式生成了独特的设计方案。尽管抽象的设计步骤看起来相似，但其生成的结果往往不同：每个人都是单独的个体，有着不同的观念，看待世界的方式也各不相同。建筑设计的确是一个要求很高的行业，但一位真正的建筑师能在设计过程中获得最大的满足。

第一章

设计过程的各个阶段

建筑师或设计师激发创意的方式各不相同，但设计过程的各个阶段通常相似。正如我们之前所言，设计过程是需要反复的。从最初的一个想法出发，逐步展开所形成的方案，往往是不完整的，需要不断地审视和修改。设计师会返回设计过程的早期阶段，运用修改后的想法或成果来推进设计，从而完善设计方案。

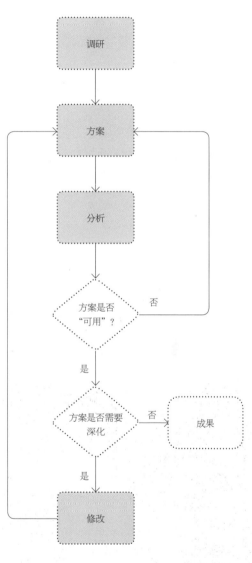

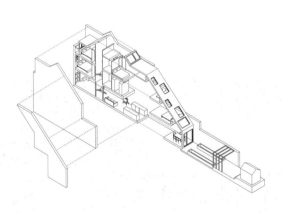

←+↑ 设计师应对各种挑战和限制的不同方式造就了独特的项目成果。这是一座建造在狭窄用地上的住宅，曾屡获大奖。**修长之屋**(英国伦敦，Alma-nac 建筑事务所，2013 年)

调研

很少有建筑师能够在不开展调研的情况下就进行设计。调研的内容包括与客户见面了解他们的需求，前往场地考察了解实际情况，阅读该地区的历史资料，了解当地的建筑物及景观是如何被建造的。

无论采用何种形式，作为设计过程的第一个阶段，调研的目的始终是寻找设计的切入点。有的建筑师可能会确立一个概念或凭借一个抽象的想法来推进设计，有的建筑师可能会将一种特定的材料视为项目的关键点。初始路径非常重要，它确立了项目的特征。

在词典中，调研的含义是"系统地研究"，但在设计中，调研的含义更广泛、更开放。对设计师而言，调研意味着收集信息，从而帮助他们明确那些需要被解决的问题的本质。我们一定要认识到，设计一旦开始，调研就不会停止，设计与调研是同步进行的。实际上，设计本身就是一个调研的过程。在整个设计过程中，设计师都需要不断地收集并评估信息，以推进设计。

观察是调研的主要方法之一。通过观察周围的世界，我们可以学到解决问题的多种方法。设计师通过自己观察所得的第一手资料或者书籍、杂志、网站上的信息，来审视和分析已有案例，以寻求实用的解决方案并激发创作灵感。

调研并不是一个消极被动的过程。尽管书本上的研究很枯燥，但在实践中调研可以是积极活跃的，并且形式多样，方法各异。作为一名设计师，在调研阶段，你可以开展一些能够帮助你了解项目背景的相关工作，也可以根据自己场地考察的所见所感来绘制草图，还可以制作一个模型来探索与空间有关的问题。你的调研既可以是创造性的，也可以是知识性的。富有成效的调研能够为项目的形式和功能提供极具价值的观点。

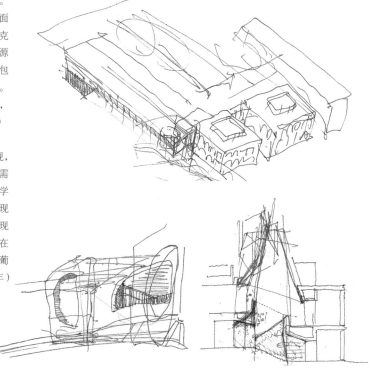

↖↖+↖ 调研是项目初期的重要工作。调研的形式多种多样，例如与客户会面交谈，或探索当地的材料和技术。阿克奈比奇教育基地设计方案的切入点源自设计师的亲身体验和亲力亲为，包括与当地工匠一起开发材料和工艺。**阿克奈比奇教育基地**（摩洛哥非斯，MAMOTH+BC 建筑事务所，2013 年）

→+↓ 调研成果可以采用多种形式展现，但我们不应认为仅仅是设计开始之前需要进行调研。在布拉姆坎博·弗莱勒学校的设计过程中，初步调研需要分析现有建筑。通过草图和模型，建筑师对现有建筑进行了深入探索，以挖掘其潜在的使用空间。**布拉姆坎博·弗莱勒学校**（葡萄牙里斯本，CVDB 建筑事务所，2012 年）

方案

设计师或设计团队掌握了足够的信息，明确了设计问题的本质后，就会给出设计方案。由此，创意和构思开始发展为清晰的建筑提议。最初的提议可能只包含很少的细节，因为它们仅仅试图解决在调研中所发现的问题。

调研阶段与方案阶段之间没有明确的界线。初步调研阶段的一部分成果可能会形成一些提议。然而，随着设计过程的推进，项目的方案将会变得更加明确和具体。

方案阶段需要进行大量的工作。绘制草图是一种在平面、立面、剖面和三维立体构造中寻找创意的快速方法。方案阶段是设计过程的早期阶段，在这一阶段，允许设计团队迅速发散思维并提出许多设想，对于推进设计过程十分重要。方案阶段的目标不是完成一个最终的作品，而是探寻潜在设计方案的多种可能。草图或草模（例如用硬纸板快速搭建的模型）可以很好地完成这一目标，因为它们能够快速完成，还能用于进一步的推敲，从而在解决问题时整合更多细节。

↓　用草图或草模来探讨最初的方案，是在早期调研的基础上尝试明确项目定位的第一步。伦佐·皮亚诺为"碎片大厦"所画的草图初步展现了建筑的形态和规模，然而，那些在建成后使它成为地标建筑的精致细节却并没有体现在草图中。**伦敦塔桥大楼**（又名碎片大厦，英国伦敦，伦佐·皮亚诺建筑工作室，2012 年）

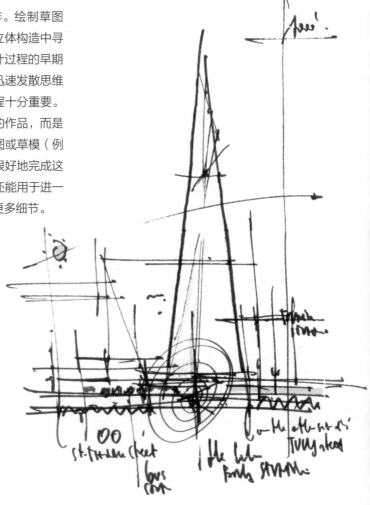

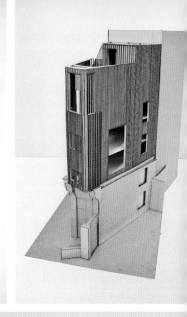

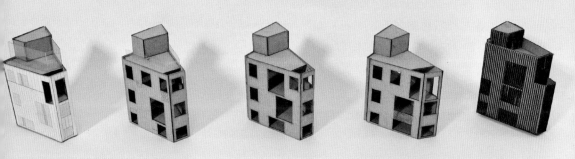

⬆ 在方案阶段的初期，建筑师会反复制作模型来探索形式的多种可能。在设计珠宝商亚历克斯·门罗的工作室时，DSDHA 建筑事务所使用草模快速构建了极具挑战性的建筑形态，探索了门窗的多种开口大小和布局方式，以适应建筑内部空间的性质和需求。**亚历克斯·门罗工作室**（英国伦敦，DSDHA 建筑事务所，2012 年）

⮕ 即便是非常简单粗略的草图，也可能是设计过程的重要起步点。右图是中国一所学校的概念草图，这一草图尝试在设计方案的关键要素之间建立联系：地景与花园、建筑与学校、屋顶与农场。进一步深化概念草图可以使方案更加完善和清晰。**北京四中房山校区**（中国北京，OPEN 建筑事务所，2014 年）

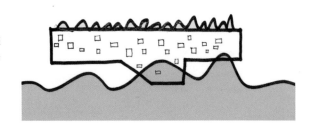

分析

　　最初的方案很少能够满足项目的所有要求。即便能够满足，也要通过评估才能确认。那些以精湛设计而著称的建筑师往往对自己的构思非常挑剔，在整个设计过程中，他们会不断地挑战自己和设计团队，审视并质疑每一个方案。

　　如何对方案进行分析？不同的项目阶段、不同的设计过程和不同的设计师，分析方案的方式也各不相同。确定一个可以衡量这些方案能够从何种程度上解决问题的标准是非常必要的。评价标准将由设计简介或设计概要（一组针对用户或业主的需求而制定的设计要求）与设计团队在调研阶段取得的其他成果共同界定。标准必须保持一致，这一点十分重要，只有这样，设计团队的成员才能对方案作出有效的反应，并对设计目标达成共识。

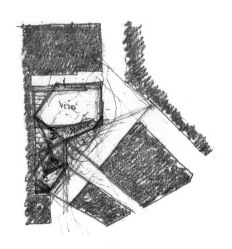

↑　最初的设计方案，如伦敦政经学院苏瑞福学生中心的基地平面草图，看似随意，却能使建筑师快速地分析设计理念并检验其可行性。**伦敦政经学院苏瑞福学生中心**（英国伦敦，奥唐奈＋托米建筑事务所，2013 年）

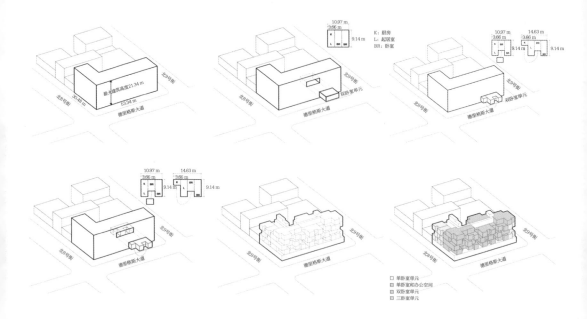

评价标准用于分析方案的性能（设计如何满足技术需求）、功能（设计如何满足建筑物内可能产生的行为活动需求）、概念（设计与构思的联系）、美感（设计的外观）或其他任何被关注的重要因素。一个项目的某些性质可能对塑造美感非常重要，而另一些性质则对满足功能非常重要。大多数项目都需要一套多样化的评价标准，用以在项目的不同阶段评估项目的不同部分。

学习过艺术或设计课程的人，会了解一些分析设计方案的方法。常见的分析方法是"批评"或"评论"，艺术家或设计师通常使用这种方式来与他人讨论自己的作品。这种方式是挑战和发展构思的有效途径。作为学生或专业人士，让别人批评你的创意、质疑你的方案，能促使你仔细

地考虑如何将构思转化为现实。如果你的构思让人难以理解（方案的可读性差），你可能无法实现自己的期待。在专业实践中，设计评论者可能涉及建筑师团队、工程师和专家顾问，他们每个人都会在评估方案时发挥自己的专长。

从用户或业主那里获得反馈，能够确保设计方案满足所有的评价标准，而不仅仅是建筑师及其设计团队的标准，这一点至关重要。作为创意专家，设计师（尽管在为他人工作）渴望自我表达，正是这种自我表达使他们的作品吸引了潜在的客户。但是，对于设计师来说，表达自我的渴望可能会与用户或业主的需求产生冲突，他们需要始终将用户或业主的需求放在首位。

← 对建筑规模的初步分析（场地中可能的单元数量）促成了布鲁克林多用途住宅的总体设计方案。分析，作为设计过程的一部分，不仅仅是对方案的深化，事实上，它既可以产生新的构思，也可以审视已有的概念。**德里格斯大道 510 号**（美国纽约布鲁克林，ODA 建筑事务所，2015 年）

↓ 对一个成功的项目和一个优秀的设计来说，用户或业主参与设计过程和方案分析至关重要。一些有关社区的项目，例如 PICO Estudio 建筑事务所参与的社区中心扩建工程，如果没有当地住户所提供的专业知识和地域经验，是无法顺利实施的。**花斑盐场**（委内瑞拉加拉加斯，PICO Estudio 建筑事务所，2014 年）

修改

分析完设计方案，设计师需要做出决策。如果认为该方案不可行（以评价标准检验，发现其无法满足设计简介的基本要求）就应将其搁置，继续展开新的设计方案，甚至有必要进行更多的调研。即使设计师认为方案可行（满足了基本要求），仍然有必要对该方案的某些方面进行改进。

在修改阶段，设计师会对建筑方案进行微调。例如，在大规模开发中，建筑体量（建筑物的大小和形状）已经能够满足大多数设计需求，但是某些功能或形态还需要进一步改进。也就是说，总体设计的思路不变，只是需要进行适当的调整。

已经深化过的设计方案，在这一阶段会更侧重于细节的修改。例如，在建筑的形式和结构已经大概确定之后，修改阶段的任务可能是替换某些空间的布置或选择适合的装饰材料。

一旦确定了施工细节，需要修改的部分可能就是高度技术性的内容。此时的修改仍然属于设计过程，因为细节可能会被重复修改很多次，进而对建筑物的使用产生重大影响。

修改的性质通常与设计方案的深化程度有关，较为完善的方案需要在更加细致的层面进行修改。但在设计初期，修改通常会在更大的尺度上、或在更为宏观的整体层面进行。由于信息的更新或建设目标的改变，设计师们可能需要重新考虑之前的决策，从而导致整体方案的修改。

↓+→　设计概念的微调会造成修改。项目的每一次反复深化，设计师都试图提高精度、把握细节。在都柏林的一个住宅更新项目中，FKL 建筑事务所的修改阶段从草图延续到了数字模型。每一次反复都更进一步明确了建筑形态，逐渐界定了城市公共空间和私人空间。**上安大道**（爱尔兰都柏林巴利穆恩，FKL 建筑事务所，2013 年）

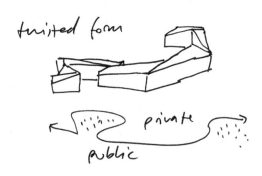

↓+↘+↘↗　细节设计将为随后的建设施工提供信息。例如，在圣安苏雷斯塔中心项目中，为了明确墙壁和屋顶之间复杂的连接方式，DSDHA 建筑事务所通过模型来研究元素之间的组合方式。在模型中确定了构造细节，展示了设计效果。**圣安苏雷斯塔中心**（英国科尔切斯特，DSDHA 建筑事务所，2007 年）

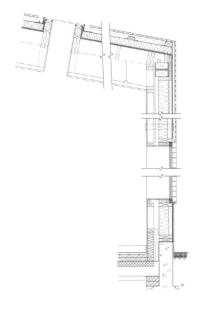

　　设计过程并不是线性的。尽管本书第 19 页的图表所标示的各个设计阶段有清晰的界线和流程，但实际上设计过程有时会"跳跃"。由于设计既包含灵感又离不开逻辑，设计过程便可以基于设计师脑海中迸发的新想法，从宏观方案跳跃到细节修改。这并不意味着项目进入了更详细的设计阶段，而是说明设计师会受到细节的启发，细节也会影响宏观尺度上的设计。

　　完成修改后，设计会返回到前面的某个阶段（调研、方案、分析），这即是设计的反复性。通过分析对方案进行修改，这个循环的过程会一直持续到方案能够满足项目的评价标准为止。

第二章

设计过程的工具

设计过程需要视觉产出，产出结果可以用来检查、审视、修改和深化设计。这类视觉产出可以是草图、绘画、图表、模型、计算机可视化图像等。设计的不同阶段会采用不同的方式进行表达，因此几乎大多数项目都会用到以上全部表达方式。

在设计过程中，选用哪种工具进行视觉表达取决于项目所处的设计阶段和设计师所采用的设计方法。

例如，采用合作式或参与式设计方法的建筑师可能会在项目的早期阶段十分依赖草图、绘画和简单的模型，以便让所有项目利益相关者都能参与到设计中。但是，采用计算机或参数化设计方法的设计师可能会使用复杂的编程和统计表格进行分析。每个案例中，建筑师都会根据设计阶段的不同，选用合适的设计工具。

← 项目初期可能需要采用多种形式的设计工具。阿什利·弗里德（Ashley Fridd）从一系列拼贴画开始，将照片、绘画和概念性思想组合成图像，以此作为初步调研的成果，来表达他所捕捉到的项目重要特征。**鸽子广场概念图**（阿什利·弗里德绘制，2012 年）

→ 视觉化工具的选用与设计过程的每个阶段直接相关。在设计珠宝商工作室的初始阶段，DSDHA 建筑事务所对建筑中可能会发生的各种活动进行了探索。草图能够帮助建筑师快速分析各种活动之间的关系，以及公共空间和私人空间的边界和分层。**亚历克斯·门罗工作室**（英国伦敦，DSDHA 建筑事务所，2012 年）

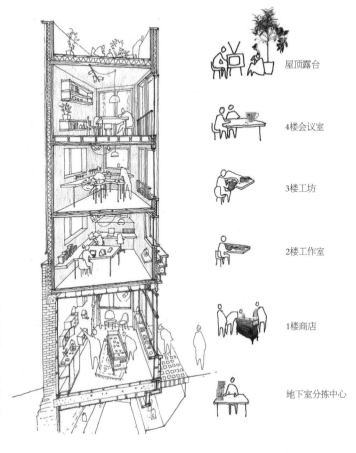

屋顶露台

4楼会议室

3楼工坊

2楼工作室

1楼商店

地下室分拣中心

绘画和草图

与说话相比，我更喜欢绘画。绘画速度更快，并且说谎的余地更小。

——勒·柯布西耶

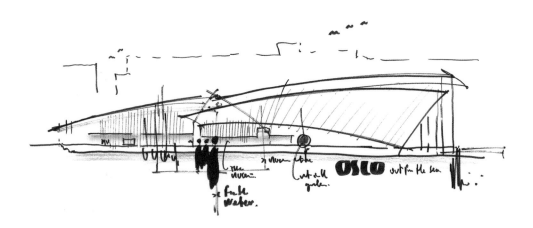

没人知道设计过程中的第一张图是如何被画出的。它可能是房屋布置图、设防计划图，或者仅仅是一条用来划分你我领域的分界线。它可能被石头或木炭勾勒在墙上，也可能被锋利的棍棒刻画在地上。无论表达了怎样的主题或采用了怎样的工具，绘图的目的始终是交流思想，分享意图或表达创意。

第一张设计草图可能出现在几万年前，但人们绘制草图的目的始终如一。草图是一种快速记录想法的工具，用于与他人讨论或自我调整。最重要的是，草图不依赖于语言（尽管在绘制或解释的方式上可能涉及文化方面的问题），因此它有助于不同群体之间的相互理解。

↑ 绘制草图既是一种深化思想的方法，也是一种可视化表达的工具。在设计这座当代美术馆时，伦佐·皮亚诺勾画的草图，展示了他对于建筑形式、设计方法和结构体系的初步设想。**阿斯楚普·费恩利博物馆**（挪威奥斯陆，伦佐·皮亚诺建筑工作室，2012 年）

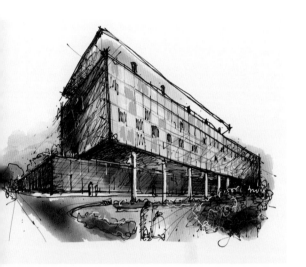

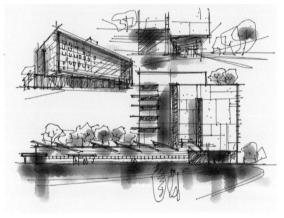

当语言可能阻碍理解或难以解释设计想法时，绘画便显得尤为重要。在解释设计中的复杂概念时，绘制草图非常有效。

草图不仅是解释概念或构思的手段，更是解决问题的有效方法。建筑师、设计师、建造商和许多其他专业人士都使用快速绘制的草图来理解问题，并找到解决方案。在建筑工地上，经常看到建筑师和建设工人讨论构造细节，他们手握铅笔，在纸张或素描本上，甚至在墙上勾勾画画。这时，绘制草图可以使双方了解彼此对问题的看法，并共同寻找解决方案。

草图通常使用小比例绘制，但也并非总是如此。在英格兰北部约克大教堂的牧师礼拜堂中有一个名为"石匠阁楼"的房间。在房间内，除了早期经典的剪刀式支撑的屋顶，还有熟石膏的地板。通过蚀刻地板的表面，石匠在全尺寸的构造物上将大教堂的各种细节、花饰、窗户和拱顶进行深化设计。这些全尺寸的绘图融合在设计过程中，使建筑师既可以深化自己的构思，又可以与实施建造的石匠交流沟通。

如今，新的草图绘制方式正变得愈加流行。随着数字平板电脑的出现，大量的草图绘制程序都致力于为用户提供模拟纸笔效果的绘制体验。例如名为 Paper 的绘图程序（由 FiftyThree 生产）开发了一些模拟纸张的程序（能够模拟真纸的纹理，墨水"渗色"等性质），与真实纸张的书写效果非常相似，使模拟达到新高度。配合 FiftyThree 的自定义手写笔，用户可以像使用真正的素描本一样使用他们的平板电脑。这种技术的好处是设计师可以与他人快速分享这些数字化的创意。此外，用户还可以将数字草图导入其他软件，作为设计过程中其他工作的起点。

↑↑+↑．数字平板电脑将草图绘制带入了新的领域，为设计师和观看者提供了逼真的模拟纸张。通过一种名为 Paper 的绘图程序，若阿金·梅拉使用 iPad 手写笔向客户展示概念草图。**数字化的草图**（巴西贝伦，若阿金·梅拉 /m2p 建筑事务所，2014 年）

←　绘画也是一种在制造和建设中精确定位的手段。约克大教堂石匠阁楼的地板上仍然留有建造时绘制的切割线，用来辅助各种石材的细节设计。

正投影图

尽管绘图的工具或形式各有不同，但绘制过程中存在一些惯例，建筑师通过这些惯例来探索和交流想法。平面图，立面图和剖面图，也被称为正投影图，是在二维平面上表现三维物体的常用方法。

平面图展示了不同的房间（或空间）之间的关系。对于多层建筑，一系列的平面图使我们能够了解空间在垂直方向上的堆叠，以及建筑物中同一特性空间的延伸，例如楼梯、电梯井和通风管道。根据图纸比例，平面图上可能还会显示一些建筑结构或家具布置。

立面图是建筑立面所呈现的二维效果，用来展示建筑的外部形象。立面图可以准确标示建筑高度及立面上的门窗位置。有时，立面图也可以传达建筑的颜色和材质。尽管可以通过阴影的深浅来表达建筑体块的凹凸，但立面图始终不是"真实"的表达，因为它没有视角。一个建筑通常会有四个立面图（前、后、左、右），但拥有复杂几何形体的建筑可能会有多个角度的立面图。

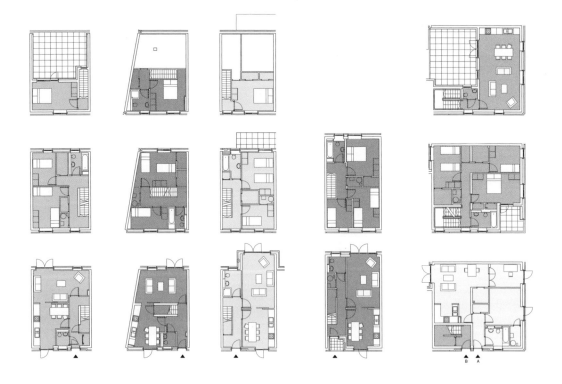

➜+↘+↘↙　平面图，立面图和剖面图是建筑师在二维平面上表现三维空间的常用工具。综合这三种图纸，可以生成建筑物的整体形象。在施帕仁堡游客中心项目中，如何处理现有建筑与新建筑之间的关系是设计重点。正投影图使设计师团队能够精准详细地把握新旧建筑的关系。**施帕仁堡游客中心正投影图**（南非约翰内斯堡，马克斯·杜德勒建筑事务所，2014 年）

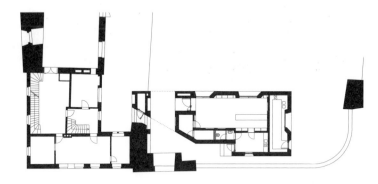

平面图

←　平面图能够展示楼层内的空间布局。墙、门窗、楼梯的位置和大小是限定空间的主要元素。在平面图中绘制家具，可以明确空间功能，也可以作为空间尺度的比例参照。**上安大道**（爱尔兰都柏林巴利穆恩，FKL 建筑事务所，2013 年）

剖面图

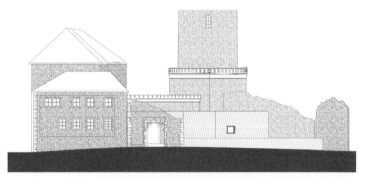

立面图

←+↓　立面图和剖面图是相互关联的，两者都展示了建筑垂直方向的二维景象。立面图展示建筑的外表面，剖面图从中间剖开建筑以显示内部的空间结构。新图书馆和社区中心项目的立面图和剖面图，通过使用照片、色彩和阴影来表现建筑物的材质和空间。**立面图和剖面图**（《西式图书馆汇编》，杰克·依德里，2014 年）

剖面图

立面图

像立面图一样，剖面图也是建筑垂直方向的表达。但是，剖面图是将建筑物切开以展示无法从单一空间内部（可能是内部立面）或建筑外部看到的视图。剖面图可以被看作一个切片，图中显示的是切割面及通过切割面可视的内容。剖面图可用于说明墙壁和地板的结构特征，和空间之间的垂直关系。

无论是绘制草图还是确定精细的技术信息，正投影图都能为建筑师提供一套用于交流项目关键特征的有效工具。

其他类型的工程图也能够提供三维层面的表现。轴测图和等轴测图将正交投影与某些变体结合在一起，使设计师可以全面而直观地看到项目情况。尽管这些视图不是"真实的"图像（不包含透视图），却可以很好地显示设计要素在三维空间里的关系，如果在单轴上进行测量，还可以精确地缩放比例。

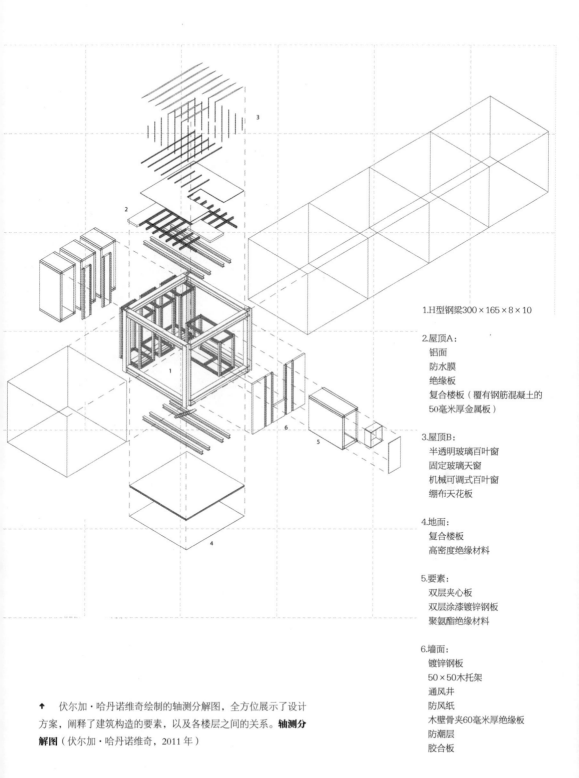

1.H型钢梁300×165×8×10

2.屋顶A：
　铝面
　防水膜
　绝缘板
　复合楼板（覆有钢筋混凝土的
　50毫米厚金属板）

3.屋顶B：
　半透明玻璃百叶窗
　固定玻璃天窗
　机械可调式百叶窗
　绷布天花板

4.地面：
　复合楼板
　高密度绝缘材料

5.要素：
　双层夹心板
　双层涂漆镀锌钢板
　聚氨酯绝缘材料

6.墙面：
　镀锌钢板
　50×50木托架
　通风井
　防风纸
　木壁骨夹60毫米厚绝缘板
　防潮层
　胶合板

↑　伏尔加·哈丹诺维奇绘制的轴测分解图，全方位展示了设计
方案，阐释了建筑构造的要素，以及各楼层之间的关系。**轴测分
解图**（伏尔加·哈丹诺维奇，2011 年）

合作和咨询的工具：
布里克斯顿中心总体规划

英国伦敦，Fluid 工作室（联合 AECOM），2014 年

Fluid 是一个建筑设计与城市规划工作室，他们与项目利益相关者（"项目利益相关者"是一个包容性术语，指所有参与该项目的人，用来避免优先考虑任何一方）紧密合作，通过"联合设计"的方法提出设计策略、深化设计方案。2014 年，工作室接受委托参与布里克斯顿中心总体规划，该项目涉及地方政府以及城市主要交通设施的建设。

显而易见，任何改变布里克斯顿中心地区（位于伦敦南部的繁华社区）的规划方案都需要对当地社区的历史、文化和发展目标进行详尽了解与谨慎考量。"总体规划"通常由一些大型组织进行设计和实施，但这一项目委托 Fluid 工作室与其他团队合作完成"总体规划开发概要"，这个概要将作为一个"帮助引导市中心发展和变化"的策略。

通过一系列的会议、研讨和实践，Fluid 工作室希望提供一种合作方式，使主要的项目利益相关者都能参与到总体规划的制定过程中。在与布里克斯顿重要机构负责人开展的 22 次会议中，设计团队探讨了该区域的相关问题，研究了该区域的变化规律，讨论了如何保持当地社区居民在总体规划中的参与度。这些会议使 Fluid 工作室和其他项目团队逐渐明确了项目规划的重点。

在后期举行的两次参考小组会议上，"社区故事"这一概念逐步成型。参考小组由社区的项目利益相关者组成，包括本地企业、宗教团体及具有教育和创意产业背景的人士，他们代表布里

↑↑ 尽管我们普遍认为建筑师仅参与建筑设计，但事实上他们可以提供许多其他服务。建筑师的专业技能可以为主要的项目利益相关者提供解决问题的新思路。总部位于英国的 Fluid 工作室是越来越多的实践者之一，他们利用自己的设计经验来帮助当地居民积极地参与到其社区的发展规划之中。

↑ 建筑师需要以协作包容的方式与社区合作。他们需要设计不同的方式来鼓励参与、记录结果（例如上图所示的参与卡片），这些对于 Fluid 工作室的联合设计理念至关重要。

克斯顿的不同人群。"社区故事"就是这些项目利益相关者的自我展现，他们的故事和观点使设计团队能够更深入地了解社区，并从社区的角度来思考该区域的发展潜力。

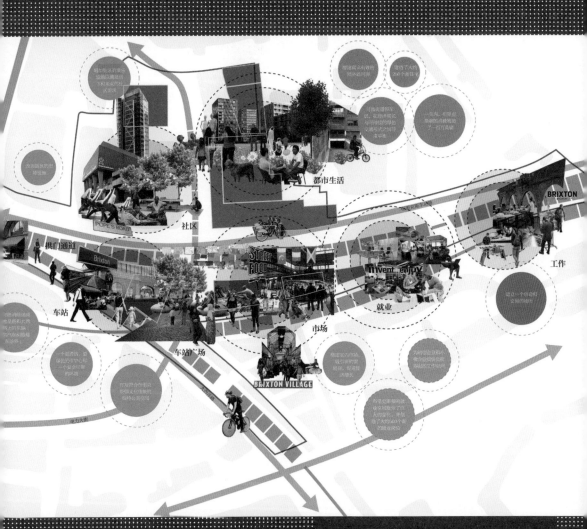

↑ 在与不同的团队合作时，Fluid 工作室必须确保他们的研究成果和参与式工坊的交流方式能够被社区居民充分理解。很多种方法可以用来交流复杂信息而不依赖专业知识，拼贴便是其中的一种。

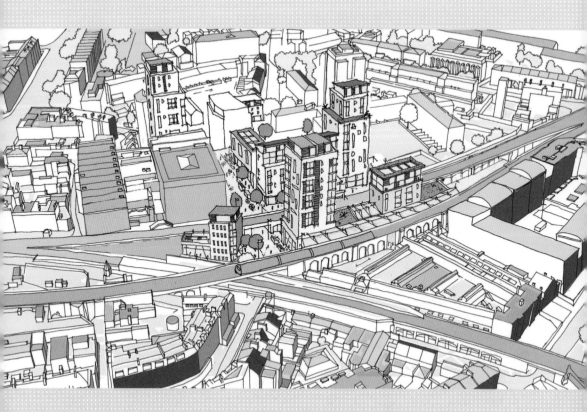

Fluid 工作室专注于研究可以帮助项目利益相关者参与到规划设计中的方法，他们针对具体的场地和人员量身定制了不同的方法。对于参考小组，工作室设计了"参与卡片"，使小组成员能够探索土地利用、商业定位和社区价值。每张卡片都提供了参与者讨论问题时所需的信息，通过创造这一不需要专业知识的交流系统，参与者可以为社区的发展制定一系列不同的策略。通过参与卡片，人们不仅可以清晰地了解已有土地利用方案的优劣，还能提出新的土地利用方案。最终，可以使当地社区居民积极地参与到所在城市的规划设计和发展构思中。

利用参与卡片的功效，工作室举办了许多工坊（workshops），使项目利益相关者能够有机会融入规划设计过程，参与到总体规划方案的构思及深化阶段，并针对他们认为可能带来最大效益的发展方向提供详细的信息。

Fluid 工作室在联合设计的报告中不仅记录了设计成果，还明确指出，随着项目的推进，设计团队将继续提升项目利益相关者的参与度。社区成员共同提出的"关键性问题"将帮助设计团队进一步解决当地居民的烦恼。

在该项目中，Fluid 工作室并没有进行建筑或总体规划的设计，而是设计了对项目成功至关重要的参与方法。大规模开发项目的总体规划将对现有社区产生深远的影响，在设计过程中，建筑师能够倾听并整合项目利益相关者的诉求十分重要。

↖ 交流设计构思可以帮助项目利益相关者理解他们所提供的信息。这张布里克斯顿中心鸟瞰图使工坊的参与者能够认识到他们所提建议的具体含义，它展示了住房数量和土地用途的变化将会如何影响该地区的发展。

↑ 在合作式或参与式的工坊中，让社区成员了解他们的提案怎样影响地区发展是至关重要的。绘制草图可以帮助参与者想象新建筑或新广场的外观，使他们看到自己参与项目的潜力。绘画和草图是非常重要的工具，它可以使人们生动地了解设计方案，例如这张电力大街的草图。

草模、模型和原型

回看距今已有五千多年历史的埃及小陶土建筑模型，我们可以确定，制作模型的历史同绘制草图的历史一样悠久。我们无法确定制作者制造模型的目的，但显然，模型可以使观看者以不同于图纸的方式来理解建筑。

制作模型的材料多种多样，材料的选择取决于很多因素，包括设计过程的阶段、制作模型的目的以及可用于制造的时间。随着设计的深入，设计过程早期阶段所使用的模型可能很快就需要修改。出于这个原因，设计初期的模型都制作迅速，且使用廉价或方便加工的材料。在设计过程的早期阶段，为了生成或改进设计概念而制作的模型，被称为草图模型，它们与草图具有相似的功能。为了展示设计构思的模型被称为概念模型，为了展示最终设计方案的模型称为演示模型。

草图模型（也称为草模）通常由纸和卡片制作而成，这种材料易于操作，可以用胶带或胶水粘在一起，也可以轻松更换。此外，这些材料非常便宜，因此无须小心处理。为了深化概念或解决三维空间的难题，建筑师可能会制作许多草模。

相反，演示模型旨在传达项目的特性。演示模型可能涉及多种材料和不同的制作过程，并且十分昂贵。大型开发项目的演示模型可能要花费数十万元，需要专业的模型师来制作。

足尺模型（或实物模型）很少使用，这种模型有助于设计团队了解设计细节。足尺模型可以由卡片或其他低成本材料制成，其目的是使建筑师能够看到设计方案的实际大小和特性。设计团队会采用稳固的结构来搭建足尺模型，以便他们可以在上面行走或从内部穿越，感受空间体验的物质特性。设计团队也可以采用全尺寸的、真实材质的建筑原型来展现设计元素。

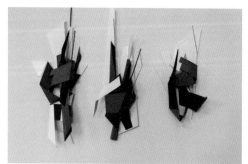

↑↑+↑ 概念性的草模同样能够为之后的方案深化提供基础。如"时光飞逝"项目（该项目使用了空间体验中时间分层的概念）初期的卡纸模型，设计师利用草模来深化概念。将早期模型与最终模型进行比较，我们可以看到，尽管有进一步的深化和细节的完善，仍然可以在最终模型里发现许多与初期模型相似的特性。**概念模型**（时光飞逝，伊恩·兰伯特，2012 年）

↓ 演示模型能够让客户和项目利益相关者了解设计方案的最终效果。这类模型通常会进行一定程度的简化或抽象，从而只传达关键的创意或概念。图中的公寓模型呈现了建筑的外观、场地和概念，但并未展示建筑细节。**中国国际建筑艺术实践展 4 号楼**（"碉堡"，中国南京，张雷联合建筑事务所，2012 年）

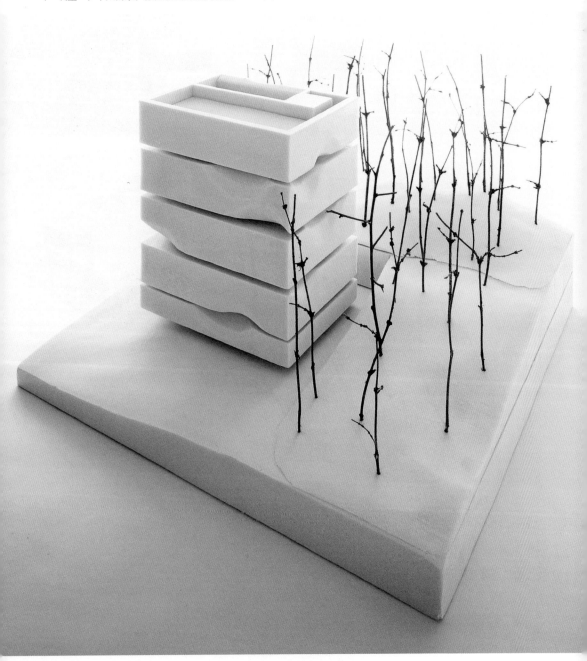

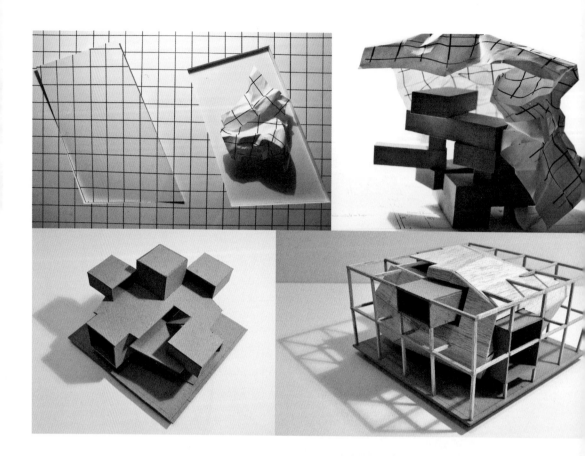

↑+↓+→　模型与绘画一样，是具有启发性的工具。设计师会从概念模型开始，逐步深化设计，搭建出更加详细和贴近实际的模型。通过这一过程，可以测试方案的可行性。**"Office Off"的概念模型、草图模型和实际建筑**（奥地利布尔根兰州，亨利和萨利，2013 年）

数字模型、可视化和快速成型

随着计算机不断向高性能和低成本发展，建筑业对数字模型的运用几乎无所不在。伴随着计算机性能的提高，它们的应用程序和功能也越来越强大。在信息处理技术还未成熟的早期阶段，创建数字模型、输出逼真图像是非常耗时且困难的，但是现在，通过计算机可以快速输出照片级逼真度的、复杂建筑项目的效果图。这意味着无论是草图模型还是超现实装置，建筑师都可以在设计过程的任何阶段，以可视化的方法展示他们的设计方案。

计算机已经开始影响实物模型的制作方法。激光切割、激光雕刻和 3D 打印（可以使用多种材料）可以通过直接利用计算机模型来制造复杂的实物模型。这使设计师能够快速构建用于展示建筑外观、城市发展、立面设计的"原型"，对于设计过程来说，快速构建是至关重要的。在设计过程中应用数字模型和 3D 打印技术，正在变得越来越普遍。一些建筑师已经将数字模型和 3D 打印技术（而非纸板模型或草图绘制）作为他们的基本设计工具。

↑　利用逼真的、包含场地环境的可视化效果图，建筑师可以帮助客户了解建筑方案。这样的视觉展示也是客户或市场人员向潜在的租户或投资者推销项目的重要素材。博物馆项目可能需要进行多年的规划和开发，效果图可以帮助项目利益相关者直观地感受该项目与周围场地环境的适应程度。**蒙克博物馆**（挪威奥斯陆，埃雷罗斯建筑事务所，2017 年）

↓　数字技术还可以帮助设计师对现有建筑进行新的思考。气泡大楼（Bubble Building）是旧房改造项目中激进的革新。建筑师为旧建筑添加了具有可充气表皮的新立面，提高了建筑物的环境性能，也在城市中竖立起了新地标。**气泡大厦**（中国上海，3GATTI 建筑工作室，2013 年）

模拟工具与数字工具

　　21 世纪的建筑师，几乎同时拥有了低成本的模拟工具和数字工具。触摸屏和平板电脑的兴起（ 如 iPad，Microsoft Surface，Samsung Galaxy Tab 等品牌 ），意味着设计师可以随身携带和使用一台更接近素描本的计算机。实际上，我们见证了模拟技术和数字技术界限模糊的早期阶段。

　　这并不能说明这些技术已经可以代替纸张，或模拟工具正在日渐衰落。尽管现在有许多能够快速创建计算机数字模型的 3D 建模软件，但是制作实物模型仍然是许多建筑师设计过程的关键部分。同样，尽管触控笔和平板电脑可以进行数字绘图(包括压力感应、使用不同类型的墨水等)，但许多设计师还是比较依赖方便可靠的钢笔和素描本。

　　在设计过程中，建筑师选用数字工具还是模拟工具，取决于他所采用的设计方法、项目所处的设计阶段，以及建筑师的个人喜好和工作风格。每种工具都有它的优缺点。数字工具可实现

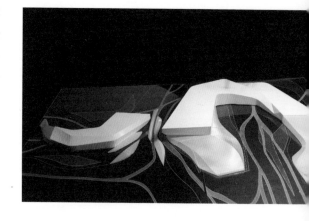

统一的工作流程，不同数字工具产生的数据输出都可以在另一个系统或软件中使用，这会加速整个设计过程。但是，数字工具只能以程序员编写的固定程序运行，只能执行内置于软件或硬件中的操作选项，而模拟工具更为灵活，且具有较强的适应性。与触控笔和平板电脑相比，使用铅笔和纸来进行设计，所受的限制要少得多。

←+↖ 随着数字工具的快速发展，实物模型也发生了转变。3D打印技术的出现使加工高精度模型成为现实。PLASMA工作室使用3D打印模型结合数字可视化技术来展示西安生态公园餐厅的设计方案。由于实物模型和电脑模型的基本数据相同，设计师对方案的推敲与改动可以迅速反映在图像和模型中。**西安生态公园餐厅**（中国西安，PLASMA工作室，2014年）

→+↓ 虽然数字工具已在设计过程中得以广泛使用，但对于许多建筑师而言，绘画和实物模型依然十分重要。Duval+Vives建筑工作室通过设计初期的草图模型来快速探索方案的平面布局和门窗位置。随着项目的推进，设计方案进行了许多改动，但是最终的建筑依然展现了最初的设计理念。**洛潘科住宅**（智利拉戈洛潘科，Duval+Vives建筑工作室，2011年）

施工图

正如我们所知，无论项目进入细化阶段还是"生产"阶段（这一阶段需要提供信息给其他人来实施建造），设计都不会停止。相反，设计会参与其中，不断推进并完善所需的建造信息。在这一阶段，建筑师不再探索那些出于概念或环境的设计构思，而是针对建造过程中的相关问题提出技术解决方法。

为建造商或承包商制作的用于实际建造过程的图纸被称为施工图。施工图的绘制目的与设计过程中大多数图纸有很大不同。其他阶段绘制的图纸旨在表达设计师的想法和概念，或帮助观看者理解建筑物的外观，而施工图却需要传达施工建造所需的详细信息。

符合特定规范的图纸能够准确地展现施工信息。图纸的绘制主要基于正交投影的绘图规范，结合尺寸、注释和符号，建筑师可以借助施工图传达建筑物尺寸、材料和装配的详细信息。

通常，施工图会从总体到细节全方位地展示项目信息。例如，楼层平面图（小比例，如 1 ∶ 100）可能仅提供平面化的信息概况，但包含其他图纸（如剖面图、立面图和节点大样图）的位置索引。整体建筑剖面图（贯穿整个结构）会索引很多大比例（如 1 ∶ 10、1 ∶ 5 或 1 ∶ 2）绘制的节点大样图，这些细部详图精确地展示了建筑材料、建筑构件的排列、连接和尺寸大小。

施工图的专业性和精确性并不意味着这一阶段不需要进行设计工作。为了深化节点大样图（表达项目细节），可能需要绘制草图、构建模型。通过纸笔或 CAD 精确地绘制技术方案图纸，对于即将进入施工阶段的项目至关重要。

→ 建筑剖面图和节点大样图是一种用来详细传达建筑装配信息的图纸。墙体大样图展示了一种特殊的墙体构造和门窗设置。尺寸标注清晰地指示了不同构件的大小和位置。构件的材质可以在注释中标注，也可以在剖面图中使用图例填充的方式来表达。**墙体大样图**（住宅重建项目，英国伦敦，MAAD 建筑事务所，2004 年）

↘ 施工图使用比例、注释和高度编码化的符号语言，准确地表达了构件的大小和位置。剖面图展示了墙体、材料和设备的位置信息，以及其他建筑基本信息。剖面图中的索引符号提醒我们可参考其他相关图纸获取更多细节。**建筑剖面图**（住宅重建项目，英国伦敦，MAAD 建筑事务所，2004 年）

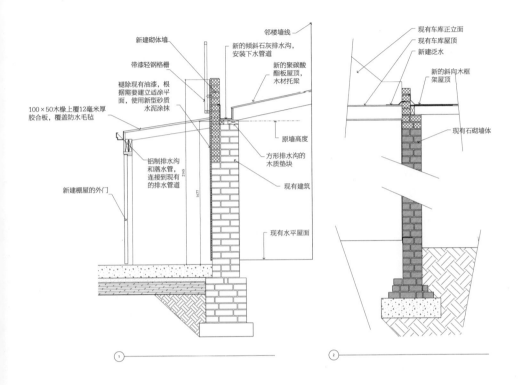

新建砌体墙
新的倾斜石灰排水沟，安装下水管道
新的聚碳酸酯板屋顶，木材托梁
带漆轻钢格栅
褪除现有油漆，根据需要建立适涂平面，使用新型砂质水泥涂抹
100×50木椽上覆12毫米厚胶合板，覆盖防水毛毡
铝制排水沟和落水管，连接到现有的排水管道
新建棚屋的外门
邻楼墙线
原墙高度
方形排水沟的木质垫块
现有建筑
现有水平屋面

现有车库正立面
现有车库屋顶
新建泛水
新的斜向木框架屋顶
现有石砌墙体

① ②

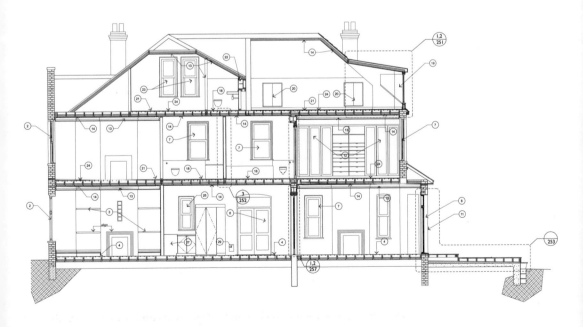

建筑信息模型（BIM）

如今，3D 建模已成为非常普遍的技术手段，CAD 也已经成为深化施工图的重要软件。用于管理整个设计和施工过程的建筑信息模型（BIM），在设计中的应用也越来越多。基于智能模型的概念，BIM 中的每个建筑元素（墙体、门和地板等）都有一组预定义的属性，可以在软件中进行设定。例如，当制作一个墙体模型时，我们要在 BIM 中定义墙的类型（如砖石，混凝土等）以及厚度、高度等重要属性。

使用 BIM 与使用 CAD 有很大的不同。在 CAD（无论是 2D 还是 3D 的使用场景）中，建筑师使用几何图形来表示建筑实体。在 BIM 中，建筑师更像是在计算机里进行实际的建造。使用 BIM 制作的建筑模型能够反映建筑物的实体特征，这一点十分重要。设计师可以通过 BIM 准确地展现他们的设计方案（大多数 BIM 软件具有可视化界面和 3D 渲染功能）并精确地传达施工信息。

起初，BIM 软件主要用于提高绘制施工图的效率和精确度。随着软件的成熟（以及低成本、多功能计算机的普及），BIM 已经能够应用于整个项目设计过程。如今，建筑师可以在 BIM 软件中进行项目初期的设计分析，并在整个项目进程中继续推进和深化设计。此外，"统一模式"的设计理念已经在业界普及，这一理念倡导建筑师、工程师、承包商和项目团队的其他成员都在同一模式下工作，从而保证整个项目团队都能及时了解项目的修订，并且可以通过引用共享的数据资源来避免出现协调的问题。

在建筑实践中，设计过程可以分为多个阶段，建筑师可能会使用许多不同的工具来完成每个阶段的工作。有些建筑师经常使用计算机软件进行设计，但是他们的实际设计过程（步骤或阶段）却与使用传统绘图或模型工具的建筑师非常相似。我们需要认识到，设计过程并不取决于设计工具，而是取决于建筑师所采用的设计方法。

➜+➜➜　在实践中，建筑信息模型已成为深化设计和施工信息的标准。它的集成特性使建筑师可以统筹规划设计的全过程（从概念推演到生成可视化模型、导出构建信息）。BIM 软件的应用造成了设计思考模式的改变，这一改变正在影响整个建设行业。**Revit**（BIM 软件，Autodesk 公司产品，2015—2016 年出品）

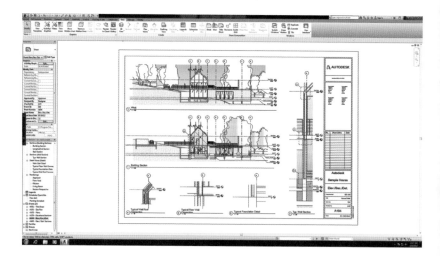

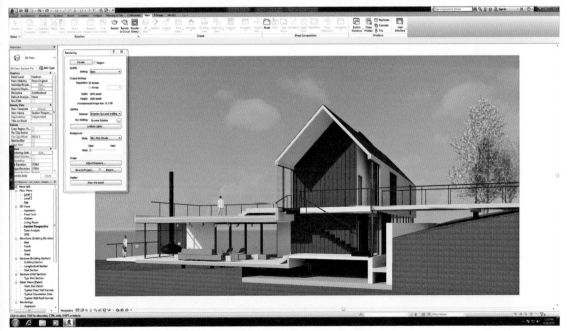

第三章

设计过程的模型

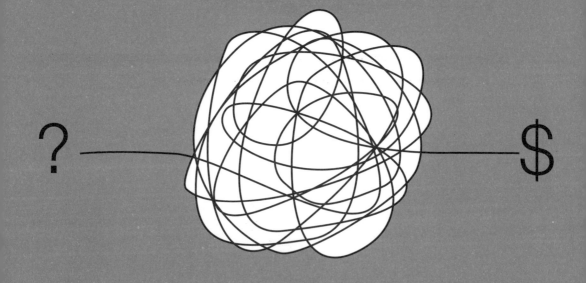

在本章中,我们将探索一系列用于总结设计过程的"模型"与"映射"。其中一些为人所熟知,而另一些则可能与我们所讨论的设计没有明显关联。这些模型都具有相同的特征,这些相同的特征可以作为一条主线将各种模型串联起来。在本章中,我们所归纳的关于设计过程的模型与第一章中罗列的关于设计阶段的图表有所不同,但它们仍有许多相似之处。模型更为明确,并试图成为关于设计过程的广义范式。

设计适用于哪里?

在项目整体语境中定位"设计",我们需要首先意识到一个术语(如设计)本身会有不同的使用方法。在研究之初,我们可能会混淆术语的不同用法。随着经验的积累,理解在什么情况下使用什么定义会变得相对容易一些。

"设计"一词可用于指涉项目的一个阶段。例如,美国建筑师协会(AIA)推出了一个名为"设计的五个阶段"的网站,旨在让客户了解与建筑师合作的主要步骤(合作过程分为几个阶段)。该系统的第三阶段名为"设计",具体描述如下:

在确定项目简介后,便进入设计阶段,建筑师会通过图纸和项目说明书来实现你的愿望。在这一阶段,你所提供的信息十分重要,因为这是你初次对建筑展开设想,接下来,你将更为明确地看到你的建筑是如何落成你的设想的。

← 苹果创意服务集团的蒂姆·布伦南在1990年的一次会议上展示了这一草图。他说:"有人提出一个项目,我们参与其中完成工作就会得到许多报酬。"他的图反映了个体感受的神秘性,这也是设计过程的一部分。

在设计阶段,请务必与你的建筑师一起梳理出清晰的决策过程。当你同意进入施工阶段,设计阶段就会结束。

在这里,"设计"一词的使用范围非常广,涉及建筑师(和其他专业人士)在建设施工(第四阶段:建造)开始之前所做的所有工作。由于"设计的五个阶段"主要针对客户,而非建筑师,因此并没有对项目进程中可能涉及的不同设计类型进行详细解释。

另一个明确定义"设计"概念的,是英国皇家建筑师学会(RIBA)的"工作计划"(第52页)。这是一个指导性文件,供建筑师在项目策划时使用,它包含八个阶段(编号从0到7),其中有三个阶段用到了"设计"一词,它们分别是

第二阶段:概念设计。在第二阶段,根据项目任务书中的要求,展开初步的概念设计。

第三阶段:深化设计。在这一阶段,概念设计被进一步深化,核心设计师的工作会一直持续到空间协调过程的完结。深化设计阶段需要对设计进行反复地调整,可能会用到不同的设计工具,包括展开不同的工坊(workshops)。

第四阶段:技术设计。通过提供项目的技术方案,进一步深化建筑设计、建造服务和结构工程设计。专业工程分包商的技术设计非常成熟,且完成度高。建筑细部的制作水平,取决于实际建造情况与设计团队(或专业工程分包商)所提供的设计信息的一致性。

英国皇家建筑师学会的"工作计划"旨在为建筑师提供一个用于项目策划的工具,所以采用了更为详细的、结构性的"设计"定义:从项目初期的设计(概念设计),到设计的逐步完善(深化设计),再到提供建造信息(技术设计)。

RIBA 工作计划 2013

在英国皇家建筑师协会2013年的工作计划中，将建筑项目的简介、设计、施工、维护、运营和投入使用这一进程划分为若干关键阶段。为满足具体的项目要求，各阶段的任务内容可能各不相同，也可能有所交叠。该工作计划仅用于指导专业服务合同和建筑合同的详细编制。

	0 战略定义	1 准备工作及项目简介	2 概念设计	3 深化设计	4 技术设计	5 施工	6 交付及完工	7 投入使用
核心宗旨	确定客户的业务类型和战略概况，以及其他核心项目要求	制定项目目标（包括质量目标和项目成果）、可持续发展成果、项目预算、其他参数或限制条件，并制定初步的业务案例，并开展可行性研究和审查场地的信息	根据项目简介准备概念设计，包括结构系统、建筑设备系统、初步的成本信息及项目策略，以修改初步业务案例，并审查并发布最终版项目简介	根据概念设计深化设计，包括协调和更新所有项目建议和成本信息，以及项目策略，修改项目简介	根据设计责任分工表和项目策略准备技术设计，包括所有建筑、专业技术或专业分包商设计信息，以及制定有关的合设计方案	根据施工计划进行场外生产和现场施工，并解决现场出现的设计疑问	建筑工程交接及合同签订	根据服务表进行使用中的服务
采购 ※任务栏可调整	初步考虑组建项目团队	准备分工表和项目团队角色一览表，继续组建项目团队	采购策略不会从根本上改变设计进度或某一阶段发生的工作。但是，信息交换的路径和建筑合同而异会对每一阶段采购途径有关的具体招标和采购活动。采购路线可能影响哪项项目方案，也有可能导致某些阶段交叉或同步进行。项目方案中将列出具体的阶段日期和相关的方案期限。 2013年RIBA工作计划将阐明各阶段的工作交叠。			建筑合同管理，包括定期检查施工现场及进度	完成建筑合同管理	
方案 ※任务栏可调整	制定项目方案	审查项目方案	审查项目方案					
(城镇)规划 ※任务栏可调整	规划申请前的讨论			规划申请通常在第三阶段结束时提交				
建议关键任务	回顾以往项目的反馈	准备交接策略和风险评估。准备交接服务进度表、设计责任表并编制执行第三方咨询以及任何可研发分包的工作。审查并更新项目执行计划，通盘考虑，并考虑统一标准	制定可持续发展策略、维护和运营策略，并审查风险评估。根据实际需要进行第三方咨询以及任何可研发分包的工作。审查并更新项目执行计划	审查和更新可持续发展、维护、运营、支付策略及风险评估。根据实际需要进行第三方咨询，并完成所有研发方面的工作。审查并更新项目执行计划，包括变更控制程序。审查和更新施工及健康安全策略	审查和更新可持续发展、实施、运营、咨询、交付管理、未来运营维护所需的信息达成一致，以及支持技术审查和更新项目执行计划。审查包括施工期在内的施工策略，并更新健康安全策略	审查和更新可持续发展策略，实施施工期，资产管理，项目更新。准备并核对项目在运营维护所需的信息，完成"竣工"信息。审查和更新施工及健康安全策略	进行交付策略所列任务，包括在建筑物使用期内或在后续的工程项目中提供反馈，按照要求更新新项目信息，直至建筑使用寿命终结	完成交接策略所列任务，包括使用后评价，以及在后续使用期间或完成的工程项目中提供反馈；项目和研发方面的审查
可持续性检查点	可持续性检查点-0	可持续性检查点-1	可持续性检查点-2	可持续性检查点-3	可持续性检查点-4	可持续性检查点-5	可持续性检查点-6	可持续性检查点-7
信息交换（在每阶段完成时）	战略概况	初版项目简介	概念设计包括结构和建筑服务设计大纲、相关项目策略、成本预算以及更新项目简介	深化设计，包括结构和建筑服务设计、相关信息和大纲，相关项目策略，以及更新的成本信息	完成项目技术设计	"竣工"信息	更新"竣工"信息	根据客户的反馈和维护、运营及"竣工"信息
英国政府信息交换	无要求	需要	需要	需要	无要求	无要求	需要	按需要进行

★ RIBA工作计划于1963年首次制定，并随着英国设计模式和施工流程的发展而不断改进。

※任务栏可调整：可访问 www.ribaplanofwork.com 创建具体的项目工作计划。

尽管 RIBA 的工作计划使我们对设计一词在项目全过程中的使用情况有了更详细的了解，但它仍然只是对设计在项目中所起作用的简要概括。英国皇家建筑师学会和美国建筑师协会在界定项目的各个阶段时，都试图定义每个阶段的起点和终点，以此进行明确区分。但实际上，在项目进程中，设计并不会在某个特定的点之后停止。有时，设计并非建筑师的首要任务（例如在协调工程师或室内设计师的工作时），但是设计和设计思想无论何时，都应该贯彻于项目始终。

设计过程的模型

诸如英国皇家建筑师学会和美国建筑师协会提出的此类模型，可以帮助专业人员梳理自己未完成的具体工作以及已完成的项目内容。在下面一部分，我们将介绍设计过程的其他六个模型，这些模型更符合本书的意图。

双钻石模型

由英国设计委员会开发的双钻石模型呈现了两个领域、四个阶段。

"发现"阶段是对建筑使用者和周围环境的初步调研。此阶段的目的是清楚地了解客户需求，确定初始设计构思和概念。第19页的流程图，大致描述了该阶段的设计流程。

"定义"阶段的主要任务是分析，在这一阶段，设计师或设计团队需要分析从发现阶段获得的信息和想法。如果设计师认为已识别的需求和初始设计概念之间缺乏一致性，设计过程将回到发现阶段以重新定义客户的需求和想法。

两个钻石形状的交接点，是设计问题已经完全明确的时刻。此时，设计团队已经对他们要解决的问题有了清晰的认识，并试图将用户需求反映到概念设计中。

在"深化"阶段，设计方案被创造、建模和测验。假如双钻石模型的尺寸大小与设计的时间消耗（或活动强度）成正比，我们就会看到该阶段是设计过程模型中最大的部分。与其他阶段相比，该阶段需要进行更多的反复和修改。

最后一个阶段是"交付"，即完成方案的最终修改并过渡到建设阶段。交付阶段的主要任务是技术设计和细部设计。

双钻石模型的视觉表达，展示了不同设计阶段的特性。"发现"和"深化"是扩展性的阶段（设计师在明确问题之后寻找最优解决方案），这两个阶段需要进行大量的工作，在模型中呈现"张开"的形状。"定义"和"交付"两个阶段的主要工作是巩固和整合设计，因此呈现"闭合"的形状。

双钻石模型是一种简单直观的工具，用来帮助人们理解设计过程的关键阶段，但没能展示设计过程的反复性。我们只能假设，在双钻石模型的每个象限内，都有可能进行持续的迭代，直至找到"解决方案"，才会进入下一阶段。

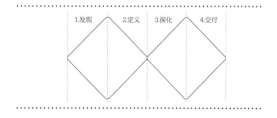

阿吉诺模型

加利福尼亚大学伯克利分校机械工程学教授爱丽丝·阿吉诺（Alice Agogino）为美国国家航空航天局（NASA）开发了一系列设计过程模型（流程图）。尽管这些模型主要用于表达工程项目的设计过程，但是对建筑师或设计师来说，也很有价值，特别是在体现设计的反复性和测试的重要性上。

阿吉诺的第一个模型（最简单的模型）分为三个阶段：设计、建造、测试。这三个阶段也可以被视为定义、建模、评估，或被视为目标、行动、反馈。虽然阿吉诺模型的流程图包含与建造错误或设计错误有关的条件响应，但模型的主线是三个阶段之间的简单循环。

阿吉诺的第二个模型在第一个模型的基础上引入了几个附加阶段，其中第一个被称为"科学应用场景"。这些模型是为美国国家航空航天局开发的，因此使用了"科学"一词。在架构上，"科学应用场景"类似于建筑设计过程中的"项

目简介"，该阶段的任务是确定设计方案所必须满足的条件（需要解决的问题）。另一个附加阶段是"构思"，旨在为设计过程提供一个初始想法。接下来是"出售"，并不是要卖商品，而是要把构思阶段的成果"卖"给能批准预算的设计师，拿到预算后才能对该"构思"进行设计、建造和测试。随后，模型进入标准流程，即设计、建造和测试阶段。当该过程（包括它的反复）取得成果时，项目的最终方案将投入运行。

阿吉诺的第三个模型引入了建模的思想。尽管这些流程图是为工程领域开发的，但将建模作为设计过程的一部分，使它们变得适于探讨建筑问题。对建筑（或工程）项目而言，在开始施工（或生产）之前进行一定形式的建模是较为常见的，可以在施工（或生产）之前对设计方案进行更为彻底的测试。不同的项目、不同的设计师，通常会选用不同形式的建模工具。

第一个模型

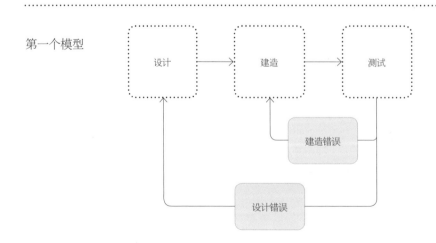

第二个模型

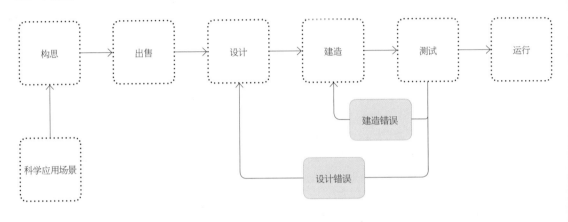

第三个模型

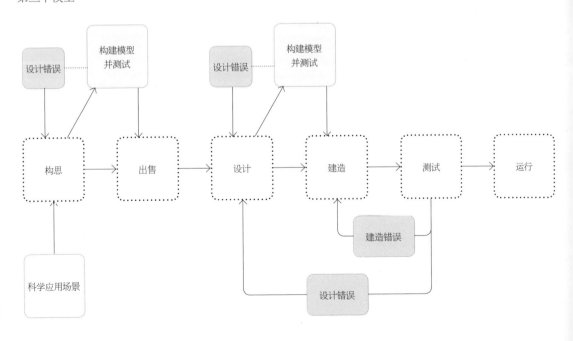

四阶段模型

奈杰尔·克罗斯（Nigel Cross）在《工程设计方法：产品设计策略》（1989 年）一书中总结了一个简单的流程图（四阶段模型）。他将该模型定义为"基于设计者的行为活动，对设计过程的简单描述"。该流程图包含一个反复迭代的"循环"过程："生成"阶段的成果在下一阶段被"评估"，以判断是否需要重新"生成"。

有趣的是，与阿吉诺模型不同，四阶段模型的最后一步是"沟通"。通过把设计过程的终点设置为沟通，克罗斯将设计和制造区别开来。对他来说，设计过程的终点应该是针对设计方案的详尽沟通，为制造提供充分的条件。

这与我们对建筑设计过程的期望相一致。建筑师通常不会亲自建造房屋，他们的工作成果其实是一个用于指导建造的设计。但是，克罗斯对设计过程终点的定义（针对产品设计）与建筑师的定义有着显著的区别。产品设计（或工业设计）的目的是确保一切信息都已准备就绪，可以直接投入生产，无须进一步修改。

但是对于建筑设计，即使是在施工阶段，也依然存在很大的空间来进行设计变更。在设计过程的早期阶段，建筑师与结构工程师会尽可能多地获取信息，以便得到尽可能完美的设计方案。尽管如此，在施工阶段，仍可能会出现一些无法预料的问题，导致建筑师必须修改设计。此时，建筑师将根据施工现场的情况继续开展设计。建筑的设计过程会一直持续到建筑物完全建成为止。

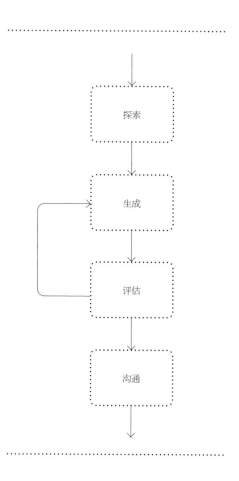

法兰奇工程设计模型

四阶段模型，暗含着已经知道设计"问题"的假设。如果客户提供了非常详细的项目简介，清楚地指明了所有设计要素，则可以使用四阶段模型。但是，这种情况很少出现。作为设计过程的一部分，分析场地参数和约束条件是设计师的必经之路。

迈克尔·法兰奇（Michael French）的工程设计模型包括识别初始需求（类似项目简介）。客户提供的"需求"与设计师进行的"问题分析"一同生成"问题陈述"（更精要的项目简介），为设计方案的生成提供了参数和约束条件。

该模型向我们展示了项目不同阶段的多种设计活动。在此，我们不应将"概念设计"与概念设计方法相混淆（参阅第64页）。在法兰奇模型中，"概念设计"是指为响应"问题陈述"而提出一些广泛的、用于解决问题的办法(或思路)。这些办法(或思路)被称为"方案"。法兰奇认为，概念设计阶段是对设计师要求最高的阶段，因为它需要融合创意、技术和商业等各领域的知识。

法兰奇工程设计模型清晰地展现了设计过程的反复性：概念设计阶段，存在着返回问题分析阶段的可能。在这一反复中，设计师不断地打磨最初的设计方案，以考量它们应该如何应对问题。随着设计过程的推进，"选定的方案"会被进一步深化。在"方案深化"阶段，设计师会对选定的方案进行更详细的设定，然后返回问题分析阶段，以评估该方案与"问题"之间的对应关系。这时，设计师可能会发现新的问题，这些问题将改变"问题陈述"，从而开启下一个反复。

与四阶段模型一样，法兰奇工程设计模型的终点也是交流沟通、准备生产。模型的终点是详细说明（技术方案的图形化表达），这一步骤提供了生产所需的最终信息。

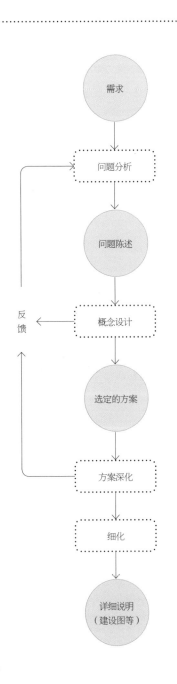

价值分析模型

设计师约翰·克里斯·琼斯、建筑师克里斯托弗·亚历山大和机械工程师布鲁斯·阿彻是"设计方法（Design Methods）"运动的先驱。这项运动始于 20 世纪 50 年代后期，意在发展适用于日益复杂的后工业社会的设计理论。在《设计方法》（1970 年）一书中，琼斯并未讨论设计本身，而是讨论了一种用于质疑设计方法和设计目的的设计哲学。在书中，他介绍了一系列模型，我们可以将这些模型视为琼斯对设计或设计过程的"元"观点。

琼斯的模型（他称为价值分析模型）建立在严格的测试和评估的基础上。与我们讨论过的某些模型一样，该模型也在设计和建造之间进行了明确的区分，以"传达详细信息，促进建造落成"为终点。

价值分析模型提供了非常详细的流程说明，并将设计过程分为多个部分进行粗略描述。该模型（被琼斯称为设计方法）旨在"提高学习速度，使设计和生产机构能够降低产品的成本"，因此模型中反复出现"成本分析"。我们可以将"成本分析"替换为任何被当作重要评估标准的因素。值得注意的是，整个过程都需要进行价值评估。该模型还提供了一个很好的示例，来说明设计过程中的详细步骤如何映射出一套更大的议程。

该模型的独特之处在于，人们认识到第一个粗略阶段（定义阶段）是基于对"现有构思"的识别：我们从一个入手点出发，展开设计，并对其进行改进。这种方法非常实用。对建筑师来说，这是一个有趣的主张。即便是采用了最激进的设计形式的建筑仍旧是一栋建筑，任何一种模型（设计方法）也仅仅是对已有流程的修订和更新。

价值分析模型并未清晰地展现设计过程的关键特征——反复，但其中存在一个隐含的反复，使我们可以有所期待。评估性的阶段（例如"初步整理"或"选择"）能够循环回前面的步骤——基于较为粗略的设计阶段自身优化的需要。

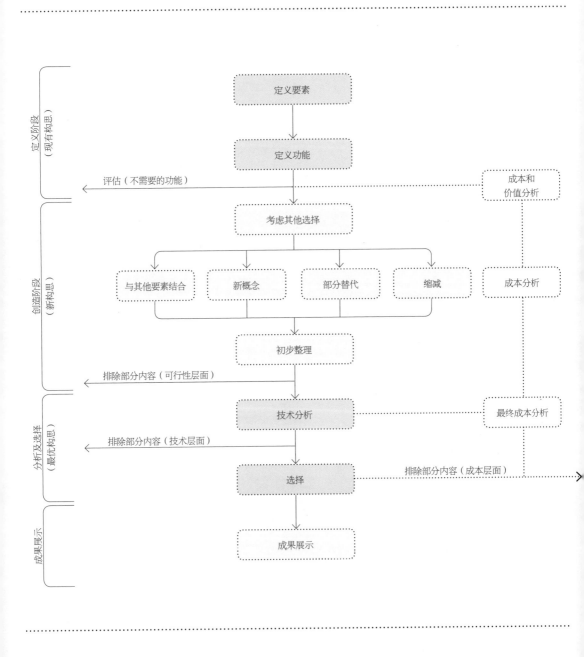

设计思维模型

由"设计和创新"公司 IDEO 的首席执行官蒂姆·布朗（Tim Brown）推广的设计思维模型，是我们所说的"元模型"。我们认为这种模型可以对应"所有"类型的设计过程。布朗本人具有工业设计的背景，他试图探索"作为一个过程"的设计如何应用于不同领域。他认为："像设计师一样思考可以改变你开发产品、服务、流程甚至策略的方式。"

设计思维模型提倡以人为本。设计依赖于同理心，需要理解项目利益相关者的需求和动机。最有效的设计离不开合作，拥有不同想法和工作方式的头脑汇聚在一起，远比单一的思维更具潜力。设计思维模型鼓励开放式思考，认为失败不是错误，而是学习的机会。更重要的是，它不会将最终解决方案作为设计过程的"终结"。

设计思维模型的五个阶段与四阶段模型和法兰奇工程设计模型有相似之处。但是，它们之间存在一些基本的差异，这些差异反映了"元模型"的开放性和以人为本的特质。

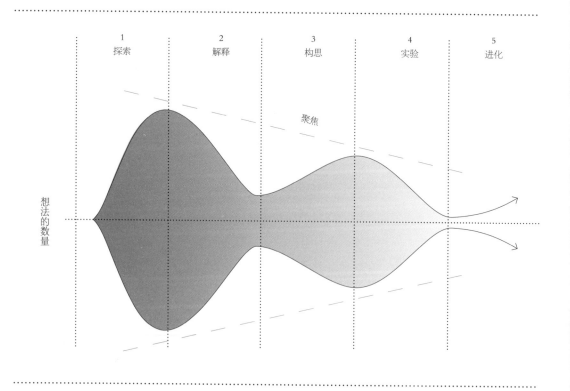

"探索"阶段：试图通过调研和讨论（与项目利益相关者）来明确问题。与大多数设计过程的初始阶段一样，这一阶段是开放式地汇聚思想和拓展可能性的阶段。在这一阶段，设计师不能过于闭塞，而应期待尽可能多地吸纳与设计问题相关的任何内容。

"解释"阶段：分析调研结果并期待深入理解设计问题的阶段。让项目利益相关者参与这一阶段（最好是每个阶段）非常重要，因为项目利益相关者能帮助设计师认知并聚焦于他们的需求。该阶段的目标是对关键问题的提炼与识别，这些问题将影响后续的设计过程。

"构思"阶段：针对已被识别的问题，提出解决方案的阶段。这一阶段主要根据对调研成果的解释（不必进行过度的分析），来开发特定的解决方案。在项目利益相关者仍然参与的情况下，我们通过各种各样的构思，反复推敲、精炼、聚焦我们的设计目标。该阶段生成的内容多于丢弃的内容，使图中封闭区域逐渐扩大。

"实验"阶段：通过图纸、数字模型、实物模型或其他工具来测试方案有效性（是否满足需求）的阶段。在这一阶段，项目利益相关者的参与可以让设计师获得未来建筑使用者的直接反馈。对建筑师而言，这可能是一个挑战。客户和用户可能存在明显差异，使用设计思维模型的建筑师，在该阶段需要认真谨慎地平衡各种竞争性的观点。

"进化"阶段：设计思维模型的独特之处，本质上是反思阶段。反思，是设计师的一项重要任务，它要求设计师审视自己的工作、总结有关设计过程的经验并思考如何改进设计过程。反思是一个旧的概念，城市规划师唐纳德·舍恩（Donald Schön）的著作《反思实践者》（*The Reflective Practitioner*，1982 年）使"反思性实践"这一全新的概念广为人知。

设计思维模型的进化阶段不仅需要设计师的反思，也需要设计过程中所有参与者的反思。

第四章

设计过程的方法

任何一种设计过程都是从一个概念开始的。使每个项目与众不同的正是这个概念的特质以及与之相关的推进方法。

很少有项目能够在设计过程中不改变初始的概念。设计概念取决于设计过程中涌现出的许多因素。设计项目的成功与否则取决于如何将这些新的因素吸收、整理、合并到方案中。

在本章中，当我们讨论用于推演概念的各种方法时，我们需要意识到，很少有设计师会在整个设计过程中遵循单一的线性模式。相反，设计师通常会在设计过程的初期采用一种方法，然后根据设计过程的不同阶段，或新出现的限制条件，转而采用另一种方法（或与另一个方法结合）。

本章所讨论的七种方法并不是对所有设计方法的总结和划分，而是对不同的设计思考方式的一个粗略描述。通过这些内容的组合、转换，设计师可以扩展并探索超越本书的、个性化的设计方法。

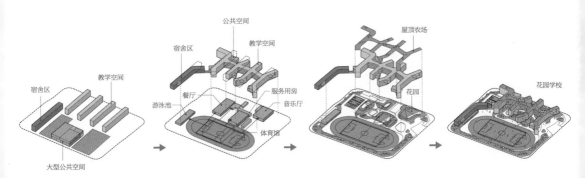

◆│◆　建筑设计的最终形态是各种概念和方法共同作用的结果。在北京四中房山校区的设计过程中，设计团队的工作原则是将各种景观形式整合到北京的城市肌理中。从运动场到农场，建筑的每一层都引入了一种新型的绿色空间。该空间设计策略源自开放空间和封闭空间的一系列转换，这些转换为生活在高度城市化环境中的学生提供了在自然空间里学习的机会。**北京四中房山校区**（中国北京，OPEN建筑事务所，2014 年）

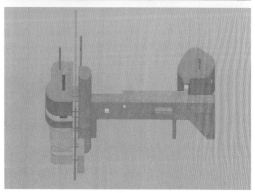

概念

在谈论一个项目时,许多建筑师会从概念开始。概念是指引领设计发展方向的基本思想,每一个项目都有一个概念。

然而,当我们谈论概念建筑时,我们正在超越概念的基本内涵。概念建筑的各个层面都可以看作一个概念。换句话说,概念建筑是关于概念的,而不仅仅是基于概念的。这一区别看似微妙,却有着深远的意义。

20世纪60年代末期,美国艺术家索尔·莱维特(Sol LeWitt)写道:"在概念艺术中,想法或观念是最重要的工作内容……所有计划和决策都是事先制定的,执行只是表面上地敷衍了事。概念才是制造艺术的机器。"现代艺术博物馆里充斥着这样的实例,因此,我们可能对概念艺术更为熟悉。概念建筑更具挑战性。如何使想法或观念成为一栋建筑物的焦点?当然,作为建筑物,最重要的是能够被人们居住或使用。

美国建筑师彼得·艾森曼试图在《概念建筑笔记:迈向定义》(*Notes on Conceptual Architecture*,1970年)中阐明一个观点。在书中,他揭示了建筑学科基于功能和实用主义的本质:"如果没有实用性和功能性客体的观念,就无法在概念层面上思考建筑,如此一来,概念建筑也将不复存在。"

可以说,从概念出发来设计建筑的方法与建筑本身关系不大,这种方法需要设计师提出与建筑相关的问题,或针对建筑所扮演的社会角色进行思考。许多建筑师的设计意在激发思想而非完成建造,也有许多既有建筑物的建造主要基于概念。

↑↑+↑　概念建筑会探寻与建筑有关的问题,挑战我们对建筑的已有认知。约翰·海杜克的"墙屋2号"向我们提出了一系列关于房屋中公共空间与私人空间的概念性问题。**墙屋2号**(荷兰格罗宁根,约翰·海杜克,1973年设计,2001年建造)

迪勒·斯科菲迪奥与伦弗洛为在瑞士伊韦尔东小镇举行的2002年瑞士世博会设计了"云雾中的建筑",这是一个"氛围建筑",该设计对建筑的持久性和坚固性概念提出了挑战。它的确是一栋建筑,但它挑战了我们对建筑的认知,并迫使我们思考"什么是建筑"。没有墙壁的建筑算是建筑吗?如果建筑物的外形由其表皮所界定,那么"云雾中的建筑"的外形又是什么样的呢?

我们可以从概念上思考这些问题,因为它们所表述的正是建筑概念。与建筑物相关联的某些"实用性和功能性"元素(如墙,屋顶)的缺失,鼓励我们去发觉我们与建筑物的关系以及我们与环境的关系。

当人们进入该建筑，传统的建筑体验被进一步颠覆，促使我们再次质疑原有的建筑概念。通常，视觉和听觉的经验界定了我们对建筑物的理解。我们能看到空间的边界（墙壁、地板、天花板），能通过声音的行为（回声、音量等）来评估尺度。但是在感受"云雾中的建筑"时，正如建筑师所描述的那样："这些感觉被视觉上的'白化'和脉冲喷嘴的'白噪声'所限制。"

因为需要连续过滤并喷洒数千升的湖水，"云雾中的建筑"具有很高的技术水平和机械水平，但这纯粹是为概念服务的。"云雾中的建筑"呈现了一种概念性的方法，该方法在建筑物的实用性和功能性上做文章，并利用它们来挑战建筑的体验性（正是这些体验构成了我们对建筑的理解）。

在设计过程中，概念的起点是个性化的、可变的。对一些人来说，概念可能源于对场地的考量、对历史的借鉴或对某些物质材料特性的理解；对另一些人来说，概念则源自拟建建筑物的功能和目的。

在概念驱动的项目中，一旦概念被我们识别，它在建筑中的展现方式就变得清晰可见。然而，这并不意味着参观者或用户能够理解概念建筑的表现形式。建筑师们并没有在建筑物上贴牌匾，写明"这座建筑的概念是……"。基于概念的设计方法更多地依赖于建筑师对工作的推进和对项目的思考，而很少依赖于公众对项目的理解。但是，这并不会损害概念性设计方法的重要价值。概念设计能够创造出富有挑战性的、美丽的、有趣的建筑。

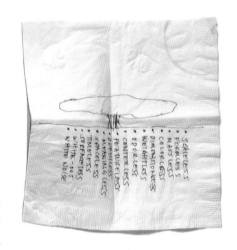

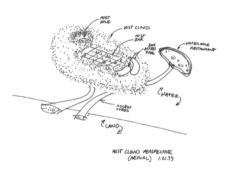

↑+↓　从起初画在餐巾纸上的草图到最终建成的建筑物，拥有独特物质体验的"云雾中的建筑"，促使参观者质疑建筑物的基础构造。**云雾中的建筑**（瑞士伊韦尔东小镇，迪勒·斯科菲迪奥＋伦弗洛，2002 年）

↖ 鸟瞰图　　→ 从运河上看　　↗ 空气碎片
↓ 一层平面图　　↘ 室内景象

概念：
帝国战争博物馆北馆

英国曼彻斯特，丹尼尔·里伯斯金，2001 年

位于英国曼彻斯特的帝国战争博物馆北馆由一系列巨大、弯曲的体量组合而成，这些体量以极具挑战性且毫无秩序的角度各自耸立。正如建筑师丹尼尔·里伯斯金所写：

"这座建筑的设计概念是一个被摔成碎片后又重新组装起来的地球，其中三个碎片代表土壤、空气和水，它们紧密连接，构成建筑形式。这三个碎片将发生在 20 世纪的冲突具象化，这些冲突并非发生在抽象的纸上，而是通过战争真实地呈现在陆地、天空和海洋间。"

在帝国战争博物馆北馆的设计中，里伯斯金创造了以建筑物的形式来体现冲突的概念。通过地球被战争撕裂又被重新组装的概念化设计过程，里伯斯金提出了我们可以重建地球的观点。新的世界无法再回到从前，我们也无法忽视过去，但是我们可以反思，从历史中探索如何才能使未来更加美好。

代表不同元素（土壤、空气、水）的"碎片"围护着不同类别的博物馆藏品。访客通过"空气碎片"进入博物馆，这是一个 55 米高的垂直空间，在这一空间中，工业尺度的支杆和金属板结构包围着访客。这种对人类尺度的矮化既突显了人类在机械化战争面前的渺小，又为教学区域和天文台（用于观赏城市景观）提供了空间。

"土壤碎片"包覆着大部分的展览空间，这是一个相对平整的区域，代表冲突发生后的地球表面。贯穿屋顶和墙壁的切口为室内提供了光亮，重申了建筑物的破碎性，强化了整体概念。

与其他战争博物馆倾向于将战争浪漫化的观点不同，帝国战争博物馆北馆用裸露在外的、未经处理的材料呈现出粗糙的质感，毫不避讳，甚至毫不留情地揭示了战争的真实面目。"空气碎片"的大部分区域都展现了材料的原始质感，构建了一个被围覆却并未被保护的空间。帝国战争博物馆北馆的空间和材料之间相互冲突，这种矛盾的关系是整体概念的一部分，它创造了一个新的、现代的、与传统博物馆体验相悖的概念性环境。

设计过程并不会简单地遵循单一路径。虽然帝国战争博物馆北馆的设计具有很强的概念性，但它也同时遵循着一系列的规则，这些规则界定了设计的许多方面，因此，我们也可以将这座建筑视为一个形式驱动的设计。

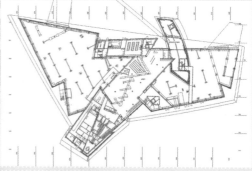

形式

在建筑中谈论形式主义,并不是指建筑的形态(或外观)。事实上,我们想要讨论的是设计所遵循的一组类似语法的规则性通识。在语言中,语法用于限定句子含义,规范我们对句子的理解。

建筑也可以被看作一种语言,一种拥有自身语法规则的语言,建筑元素(如柱、梁、墙壁、门、窗户等)就是文字。我们可以通过"语言"和"文字"来创建可以被"阅读"的建筑。单个元素的细节和装饰进一步充实了这套语言系统,形成丰富多彩的表达,对应愈加复杂的含义。

建筑的形式语言并非一蹴而就,它是规则在应用中一次又一次地积累。我们可以将形式主义设计方法的发展历程视为"进化":随着时间的推移,成功的设计元素被保留下来,无法与观众交流的设计元素被逐渐抛弃。事实上,采用形式设计方法的建筑师都在遵循悠久的传统。

古典时期的建筑为我们研究形式语言的发展历程和表达方式提供了重要参考。

雅典的帕特农神庙是古希腊最著名的建筑之一。这座神庙建于公元前 5 世纪,用于供奉雅典娜女神。从结构上看,它与之前的建筑没有很大区别。从规制上看,它也不是古希腊最大的神庙。帕特农神庙被视为古希腊建筑形式语言的集大成之作,它汇集并改进了一系列的建筑元素和装饰特征,这些元素和特征在后来的建筑中被大量重复使用。

古希腊神庙的形式语言定义了建筑物的各个部分,包括它们的比例和排布。据说,这种元

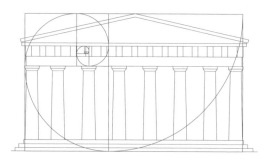

↑↑+↑　希腊神庙的古典设计语言举世闻名。帕特农神庙代表了一种几何图形和比例规范相融合的形式体系,这种体系对建筑的影响延续了数千年。**帕特农神庙**(希腊雅典,公元前 438 年)

素编排的方式在帕特农神庙上得以充分展现。整体尺度和单个元素之间的比例采用了"黄金分割"(自然界中经常出现在线条或矩形上的比例),创造出和谐又美观的立面构图。帕特农神庙的建筑语言(关于形式的语法)还在以往神庙的构思上加入了代数与几何的新概念。

建筑结合比例,创造了一套能被所有希腊人识别并理解的意识体系。源自传统神庙建筑的元素和排布,可以让人们在阅读建筑时清晰地意识到这是一个重要的宗教建筑。帕特农神庙的比

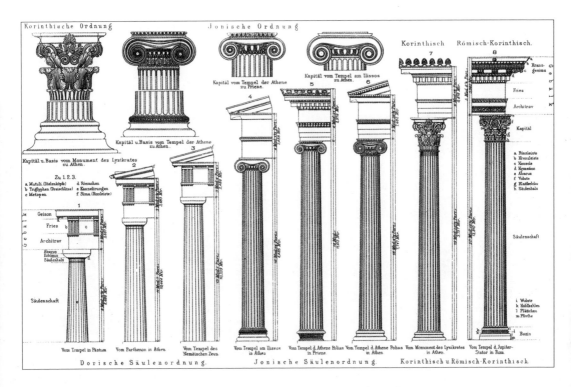

↑　古典柱式是最早的建筑语言系统之一。柱式定义了柱子的比例、尺度和形式，创造了一种能够展现意义的"语言"。**古典柱式**（摘自《迈耶通用大百科辞典》第五版，莱比锡和维也纳，1892 年）

例和细节既传达了和谐的理念，也讲述了一个能被所有人理解的故事。

这一套形式规则几乎一直延续至今，证明了古希腊建筑语言经久不衰的影响力。直到今天，我们还能从古罗马神庙与别墅建筑精致的元素与秩序中，看到这套形式系统。很多时候，古希腊建筑形式的含义已经因文化差异而改变，但持久的影响力意味着它依然保留着与各类人群有效交流的能力。

并非只有古典建筑语言属于形式设计方法，在现代建筑中，我们也可以看到关于形式的规则，有时还会发现遵循着古典规则的现代建筑。形式设计方法的本质是对设计规则的定义和使用，而非形式本身。因此，形式设计方法也可能会生成看起来让人陌生的建筑形态。

形式：
密斯·凡·德·罗

↓　形式语言会随着时间的推移而进化，建筑师通过许多项目来探索他对材料、构图和细节的独特处理方法。
范斯沃斯住宅（美国伊利诺伊州，密斯·凡·德·罗，1951 年）

现代主义时期的建筑摒弃了历史传统，而倾向于功能主义和纯粹的几何造型，看起来像是拒绝了形式主义设计方法。但仔细观察，我们就能发现形式设计的明显痕迹。

作为一种设计过程，形式主义具有悠久的传统。它遵循清晰的规则，看起来像是限制了设计师，但实际上，它能够鼓励项目利益相关者提出问题并参与讨论。类似书面语言或口头语言，建筑设计语言的语法也可以像撰写小说、戏剧或剧本时所用的语法一样灵活多变，通过建筑形式语言讲述的故事也可以形形色色、富有启发。

路德维希·密斯·凡·德·罗是 20 世纪上半叶最受尊敬的现代主义建筑师之一，他设计了许多优雅简洁的建筑。第一眼看上去，这些建筑似乎采用了极简主义的设计方法，使用了有限的材料组合，并且受到结构性需求（而非审美目的）的驱动。在他的整个职业生涯中，密斯都力求实现一种反映 20 世纪技术和工业生产模式的建筑，然而他的许多作品在设计上都非常形式化。这些建筑采用了一套语法规则，其中一些规则可以被看作是对古希腊建筑规则的现代诠释。

　　柏林新国家美术馆建于 1968 年，是密斯探索并完善其设计语言的巅峰之作。这座建筑可以被视为密斯早期建筑作品（伊利诺伊州乡村地区的范斯沃斯住宅和芝加哥伊利诺伊理工学院的克朗楼）的逻辑延续。每个建筑都将密斯的设计手法——使用简单的结构元素来创建有序的形式语言——向前推进了一步。有人认为，密斯的灵感来自古典主义建筑，新国家美术馆就相当于一座古希腊神庙。努力追求视觉完美的帕特农神庙是神的庙宇，而新国家美术馆则是人的庙宇。

　　我们可以将新国家美术馆视为一座现代神庙，但在设计意图和设计意义上，与帕特农神庙有所不同。帕特农神庙采用形式设计方法来生成象征完美和谐的建筑外形，将人与神的空间清晰地分离；密斯却试图消解内部与外部（通过连续的玻璃围墙）、公众与艺术（通过完全开放的一层画廊）之间的分隔。尽管帕特农神庙和新国家

美术馆的设计都采用了一套严格的形式规则，但两者的意图和结果却截然不同。

↑↓　即使是现代建筑，也可能会在某些方面使用古典设计语言。重新解释古典设计语言，能够产生新的形式。**新国家美术馆**（德国柏林，密斯·凡·德·罗，1968 年）

材料

美国建筑师路易斯·康在 1971 年的演讲中，与一群建筑系的学生讨论了砖在项目中的应用："你对砖说：'你想要什么，砖？'砖对你说：'我喜欢拱。'你对砖说：'看，我也喜欢拱，但是拱太贵了，我可以放一个混凝土过梁。'然后，你说：'你觉得怎么样，砖？'砖说：'我喜欢拱。'"

康想要说的是，砖的特质对应着特定类型的结构，进而生成相应的形式。在砖墙上创建开口，最经济、最有效的办法是使用拱。砖的模块化特质使它适合拱形开口，因为砖可以在任何方向上使用，并且可以被切割和塑型。但是，砖无法用于构建不受支撑的平面开口。康试图说明，

由材料驱动的设计方法需要检视和审问材料，以了解材料本身带给设计过程和设计结果的启示。材料设计方法可以带来安全感和熟悉感。例如，根据建筑物所在地域，选择本地人所熟知的材料，能在本地居民与建筑之间建立关系。木材是一种被广泛使用的建筑材料，木材的建造方法广为人知，大多数人都知道如何使用钉子、螺丝等构件连接木材。实际上，在木建筑中，这些连接方式都是肉眼可见的，使观看者能够很轻松地理解木建筑。

↖↖+↖ 本地材料和裸露可见的简易结构为特里·特鲁布拉德码头（Terry Trueblood Marina）与周边环境建立了关系，并向访客传达了可识别的材料语言。**特里·特鲁布拉德码头**（美国爱荷华市，ASK 工作室，2011 年）

↓+↘ 材料可以挑战我们的偏见。混凝土被视为一种从体量中获得力量的材料，但瓦伦西亚艺术科学城海洋馆的屋顶结构却质疑了这种观念。这个屋顶展现了建筑师费利克斯·坎德拉对材料的深刻理解和 CMD 工程师对结构的专业认知。**海洋馆**（西班牙瓦伦西亚，费利克斯·坎德拉和 CMD 工程师，2002 年）

特里·特鲁布拉德码头简单明确的形体和毫无遮掩的结构，使它看起来熟悉亲切又易于理解，同时也不乏惊喜。建筑两端看起来十分沉重的坚固木墙，实际上是能够打开的大门——既可以作为出入口，也可以突显建筑在花园中的"开放性"。由于码头主要在夏季开放，这些巨大的开口便于进行自然通风，使建筑物充分地被动冷却。正如设计师所言："该项目试图通过复杂的聚集来表达简单，并塑造一种能被共同语境所理解的结构，同时也能在本地语境中获得更为深入的诠释。"与形式设计方法一样，材料设计方法也有相应的设计语言。在形式设计方法中，精致的细节展现了元素间的形式关系；在材料设计方法中，端头和节点的处理方式，叙述着材料的特性。

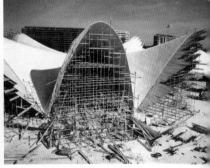

材料：
迭戈波塔利斯大学经济和商贸学院

智利韦丘拉瓦圣克拉拉，杜克·莫塔建筑事务所，2010 年

　　材料并不是材料设计方法的唯一目标。我们也可以将材料视为一种工具，通过选择合适的材料，设计师可以实现很多目标，例如功能、环境、概念等。材料设计方法需要设计师有能力运用材料，来展示项目的关键点。由杜克·莫塔建筑事务所（Duque Motta & Arquitectos Asociados）设计的位于智利韦丘拉瓦圣克拉拉的迭戈波塔利斯大学经济和商贸学院，采用了一种截然不同的材料设计方法，该设计的关键点是钢筋混凝土的体积和重量。

　　混凝土给人以沉重和持久的印象，建筑师选择混凝土的目标是"建立一种对比，以一种有重量的、传达持久性和稳定性的结构，来对应大学的长远价值。"建筑与环境之间也存在对比关系，该建筑周围都是玻璃幕墙式的办公楼。

　　正如总体规划模型所示，建筑师的设计策略是利用长长的、类似板坯的商贸学院大楼（位于后方）为圣克里斯托瓦尔山划出明确的边界。尽管商贸学院大楼的主体结构是混凝土，但背对着山丘的立面却使用了玻璃，将周边建筑映射其中。然而，当我们绕着建筑立面移动时，会发现玻璃只是混凝土体块上一个薄薄的面层。

　　建筑师如此运用材料还有另一个目的，从一开始，学校就提出希望学院建筑能够高效、环保。巨大的混凝土外墙，尽可能小的门窗，使建筑具有强大的热性能。北立面和西立面的花架能够帮助落叶藤蔓在墙壁上生长。较热的月份，藤蔓能起到遮阴、增湿的效果。庭院和建筑开放空间，为该区域引入了山间微风。

↑　迭戈波塔利斯大学经济和商贸学院的总体规划模型，展示了坚实的、体块状的经济学院与蜿蜒曲折的商贸学院之间有趣的对比关系。

↑↑　该设计利用人们对混凝土的感知来强化学院建筑的相关概念，通过体积和重量营造了一种亘古不变的感觉。

↓　建筑立面转角处的细节设计突显了玻璃幕墙的单薄，强调了混凝土的稳重和坚固。利用这两种对比鲜明的材料，建筑师提升了材料的性能，营造了特殊的内部环境。

↑ 经济学院的设计利用屋顶花园，在自然环境和建筑环境之间创造了有趣的关系——坚固的混凝土成了回归自然的基础。

语境

建筑与人相关。即使是不用于实际建造而用于探索概念和理论的建筑，也只有在与人们的生活、思想和行为方式相关时才有意义。因此，人是建筑语境（文脉或环境）的一部分，我们会将自身的信念、活动等因素纳入设计目标。建筑所在地的地理位置和历史文化（无论是真实的还是流传下来的故事）也属于建筑语境。在调研项目的语境时，不同的建筑师会关注不同的内容。

语境设计方法需要建筑师在设计过程的早期阶段进行大量调研。将调研成果转化为设计方案，有很多种截然不同的方法，这些转化方法决定了建筑、场地和人之间的关系。每个设计或多或少都会涉及语境，建筑师总要探索建筑与其周边环境的关系。因此，在谈论语境设计方法时，我们所关注的是建筑师如何将语境作为主要的设计方法。

语境设计方法并不要求设计结果必须与周围环境保持一致，建筑师也可以选择反差或对比，使新旧建筑产生差异。无论建筑师采用哪种策略，语境设计方法的着眼点始终是建筑与语境的关系。

由建筑师大卫·科洛西斯（David Closes）设计的位于西班牙圣培多尔的多功能社区中心，采用了与原有建筑环境相对比的设计策略，试图开发这座18世纪修道院遗址的新用途。1721年至1729年，方济会牧师建造了这座修道院（1835年才投入使用）。2000年，这片由教堂、住宅、办公室和附属建筑组成的建筑群已经极度腐朽，只有教堂还略有残存。尽管外表平平，教堂的内部仍然具有很强的空间特性。正是这些空间特性，激发了该项目的语境设计方法。

↑　让建筑融入现有的语境，并不需要刻意地追随和模仿。在翻新这座18世纪的修道院教堂时，建筑师在新旧之间创造了鲜明的对比。这一策略可以为旧建筑带来全新的价值和意义，并映射出当代与历史的关系。**圣弗朗西斯科修道院教堂街道视图**（西班牙圣培多尔，大卫·科洛西斯，2011年）

→　**圣弗朗西斯科修道院教堂中殿的内部**（西班牙圣培多尔，大卫·科洛西斯，2011年）

科洛西斯解释说，该设计的目标是"保存教堂中殿的规格尺度、空间特性，和与自然光的充分互动"。实际上，充足的自然光是屋顶坍塌的结果。在修道院建造之初，教堂中殿的光线非常昏暗。然而，建筑师却选择在设计中保留自然光的质感。

将教堂（包括它的伤痕和破损）视作被发现的遗迹并作为设计的基础，这一设计原则使新旧建筑相互交织、形成对比。新的元素——现代材料和结构系统的应用，使旧有元素得以保存并被视为一个整体。新的空间既可以设置在旧有空间的外部，也可以设置在内部，但都会与旧有空间有所区别。从某种意义上说，新旧事物共同存在，但并不直接接触，它们尊重彼此，从而创造出一个新的整体。

有时，语境可能非常敏感。巨石阵游客中心的所在地是世界上最重要的景观之一。为了避免新建筑和历史遗迹产生竞争关系，建筑师采用了"将建筑融入景观"的设计策略。白天，游客中心看起来就像消失了一样；而在晚上，它却成为地标，使夜间的行人意识到这一区域的重要性。

对语境的解读不同，使用语境信息的方式就会不同。无论建筑师所考量的语境是社会的、政治的、城市的、建筑的还是历史的，语境设计方法的主要关注点，是语境信息作为设计因素，如何驱动设计过程、启迪设计概念。

如果进展顺利，使用了语境设计方法的建筑能够与场地环境和谐相处。这种和谐，与建筑跟周边事物的相似性无关，因为人类对语境的感知和解读使我们能够以超出视觉的方式来看待建筑。对场所的认知能够影响我们对基地环境和建筑元素的响应，而建筑师所选择的处理语境信息的方式可能会进一步强化我们对场所的认知。

↑　**圣弗朗西斯科修道院教堂中殿的外部**（西班牙圣培多尔，大卫·科洛西斯，2011 年）

↗+→　为了避免巨石阵游客中心与真正历史遗迹之间的竞争，建筑师选择了能够使新建筑与索尔斯堡平原平滑流动的景观融为一体的材料和形式。**巨石阵游客中心**（英国索尔斯堡平原，丹顿·科克·马歇尔，2014 年）

语境：
新联排住宅

德国汉堡，LAN 建筑事务所，2013 年

联排住宅

住宅单元交叉，服务空间呈线性

空闲空间有两种：
· 紧凑的内部庭院
· 供居民交往的林荫道

住宅类型的重复形成了统一的建筑外立面，导致无法识别单个住宅单元，整体韵律单一

联排别墅

别墅单元成线性，服务空间重复

别墅俯瞰着林荫道，人车均可进入

别墅的并置造成了建筑的异质性

新联排住宅

入口分散设置，停车区位于拐角处

新联排住宅结合了各种优势：既可以俯瞰供居民交往的林荫道，也可以看到内部花园（花园都是公共和共享的）

采用统一的外墙形式，但通过木质贴面区分建筑体块

↑　从乡土到全球，语境涉及许多因素。深入分析已有的语境设计案例能够启发新的回应，针对该项目的类型学分析就是一个很好的例子。

由 LAN 建筑事务所设计的位于德国汉堡的新联排住宅（Neue Hamburger Terrassen）采用了基于城市历史及现有建筑研究的语境设计方法。乍看之下，该项目像是一个现代主义极简风格的住宅。建筑外墙的木质贴面，呼应了树木繁茂的周边环境。同时，建筑师巧妙而细致地运用历史语境和类型学分析，创造出独特的设计。

LAN 建筑事务所想要更新汉堡的传统城市住宅。联排住宅（terraced houses）是一组围绕着邻里空间和行人庭院而建的排屋式住房单元。虽然住宅区内允许汽车通行，但建筑师没有使用传统住宅区中常见的"前花园"和"车行道"，想要以此来探索如何增强该项目的社会性。

通过调研联排住宅和联排别墅（town houses）并将两者以各种形式相结合，LAN 建筑事务所创造了一种新的住宅类型。新联排住宅充分展示了联排别墅的异质性（通过变化，在普遍而整体的统一中创造个性特征）和联排住宅的一致性。在新联排住宅中，每一块外墙木质贴面的方向都有变化，在外观上形成了细微的差别，但每一栋建筑的门窗和体量又是一致的。这一策略将建筑变成了共享社交空间的背景板，强化了开放的公共空间。新联排住宅的外墙木质贴面，在位于东部的城市和位于西部的公园之间形成了缓冲性的绿色空间。

新联排住宅的语境设计方法，主要基于对周边建筑和城市环境的调研。通过针对该项目的类型学分析，将语境转化为设计方案。除此之外，LAN 建筑事务所的语境设计方法还涉及一种更加个性化、社会化的语境。

↓ 客户和使用者的价值观和使用愿景为项目提供了创作背景，这两点也是建筑师在设计时必须考虑的内容。

↘ 自然和人工会影响设计语境，建筑师通常通过材料和形式来回应。

新联排住宅是一个非常独特而有趣的项目：在一般的住宅项目中，住户们会在定居下来之后才开始慢慢熟悉彼此（社区感逐渐增强）；但在这一项目中，通过设计过程中的全体会议、综合讨论、共同决策和相互否定，在设计过程的早期阶段，住户们就已经认识并熟悉了彼此。参与式设计，特别是它在该项目中的运作方式，奠定了住宅区内部的社会模式——这是一个在人们住进这片区域之前就已经存在的"社会"。

因此，新联排住宅的建筑，是在逐渐增长的、详细深入的语境主义（contextualism）的基础上形成的。通过与住户们密切合作，理解他们的需求和愿望，建筑师将居民的个人语境融入了建筑和城市的整体语境之中。

功能

"无论是翱翔的鹰、绽放的花、劳作的马，还是悠闲的天鹅、茂盛的橡树、蜿蜒的溪流、漂浮的云朵，在明媚的阳光下，形式永远跟随功能，这是自然界的定律。功能不变，形式亦不变。花岗岩的岩石、永远郁郁葱葱的山峦已然屹立千年，闪电却在一瞬间产生、成形，又消失。"

被人们称作"摩天大楼之父"的路易斯·沙利文于 1896 年写下这段话，当时的建筑界正处在命运的十字路口，钢筋和混凝土的发展催生了新的建筑形式。沙利文所阐述观点的是功能与形式之间具有内在的联系，他认为建筑物的设计形式应当反映其使用功能。

如果采用功能设计方法，我们可以创建一

个列表，以功能来划分建筑类型，主要关注建筑的运营（对特定活动的支持）而非外形。例如，工厂建筑的首要任务是满足生产制造的功能需求。同样，医院建筑的首要任务是保障医护人员的工作效率。

功能固然重要，但还有一点不容忽视：人是建筑的使用者，建筑需要为人服务，提供安全舒适的居住或工作环境。通常，一栋建筑即使在功能上已臻完善，也需要在不同空间参照不同的设计标准，以创造舒适的环境。工厂设计需要保证生产流程的顺畅，如果有工人参与生产流程，则必须为工人的活动提供安全舒适的必要空间。

采用功能设计方法，并不意味着设计成果就一定是工业化的或了无新意。位于英国沃金的迈凯伦制造中心是一个典型案例，这座由福斯特建筑事务所设计的建筑，兼具实用性和简约美。迈凯伦虽不是大型汽车制造商，但其车间仍须满足高效和一体化的装配要求。

迈凯伦制造中心具备一般工厂车间的常见特征，如开放式平面、简单的柱网结构以及天花板上用于照明的重复组件。简洁的设计风格符合迈凯伦公司"高精度"和"高性能"的美誉。然而，纯净的空间环境并非完全出于视觉或美学需求，该建筑的所有材料都必须具备耐用性和易维

← 路易斯·沙利文认为建筑的形式应该反映功能，这一概念并不简单。作为一个保险公司，保诚集团力图打造坚固、稳定、可靠的形象，因此，保诚大厦（Prudential Building）的建筑形式体现了上述品质，实现了该建筑的美学功能，同时也具备一座办公建筑应有的实用性。**保诚大厦**（美国纽约布法罗，路易斯·沙利文，1894 年）

护性。例如，地板（陶瓷砖）表层必须耐磨，以承受不同生产阶段各种器械或汽车的自由移动。整体色调为白色，能够充分反射自然光和灯光，使整个车间的亮度保持一致。

　　大尺度、大开口、大跨度的结构非常灵活。目前的建筑布局遵循生产流程：元件交付、车辆组装、涂漆和测试，然后经过一段"滚动式道路"，最后进入洗车环节。然而，迈凯伦不断研发的新车型需要不断变化的新型生产线，而该建筑能够对此作出相应的调整。

↓　采用功能设计方法，建筑师在选择材料、饰面或形式时，皆以提高建筑的使用效率为原则。在迈凯伦制造中心，建筑师选用的饰面材料营造了一个明亮洁净的环境，为高标准的汽车生产创造了条件。**迈凯伦制造中心**（英国沃金，福斯特建筑事务所，2011 年）

↑　功能空间可以展现高效性和一致性，也可以充满吸引力。迈凯伦制造中心的设计不仅反映了企业的历史，还体现了"高精度、高性能"的企业精神。**迈凯伦制造中心**（英国沃金，福斯特建筑事务所，2011 年）

↖ 整体鸟瞰　　↓↓ 建筑模型　　→ 入口景观
↓ 员工休息室　↓↘ 工厂车间

功能：
哈威液压工厂

德国考夫博伊伦，巴科雷宾格建筑事务所，2014 年

　　由巴科雷宾格（Barkow Leibinger）建筑事务所设计的位于德国考夫博伊伦的哈威液压工厂（HAWE Hydraulik），其生产区域和非生产区域之间的差异远大于

之前提到的迈凯伦制造中心。哈威公司是移动液压系统及零部件的制造商，希望在巴伐利亚阿尔卑斯山脉边缘的农业区建造一座新的生产中心。巴科雷宾格建筑事务所设计的工厂与办公综合体，提供了高效的生产办公空间，并与周边的自然景观融为一体。

　　哈威公司的生产流程非常接近人们对工业化生产流程的想象。各种类型的机器提供特定服务（废气处理、冷却、材料供应等），工厂空间有很强的流程驱动性，容易生成拥挤的工作环境。但是，把握了生产流程的特点，建筑师就能在顺应工厂的生产作业线的同时组织好空间布局。

　　工厂的整体设计遵循简单的排序原则。大型生产区的"风车"布局源于工厂的生产流程和

制造逻辑。原材料被运送到最东边的棚屋中，进行预加工、生产、表面处理、装配和运输。这种布局增加了建筑外墙面积，赋予生产区域更多的自然采光，同时也为生产流程的变化和扩展提供了灵活且充足的空间。

　　后勤服务（包括办公室、会议室、食堂和培训室）集中在设计方案的中心区域，特殊办公室与各个相应的生产区相接。设计方案的核心是绿色庭院，供工作人员放松身心。办公室、会议室和其他人居空间与生产空间一样高效，但非生产区域的设计目标是满足非生产活动的功能需求。功能设计方法的关键，在于了解发生在每个区域内的活动性质，优化该区域的使用效率和空间效益。

计算机

　　1963 年，计算机科学家伊万·爱德华·萨瑟兰在他的博士论文中写道："Sketchpad 系统以线条图像为媒介，实现了人与计算机之间的快速交流。在此之前，由于需要将所有交流信息缩减到可以通过类型语句来陈述的程度，所以人机交流的速度一直被拉慢；过去我们一直在给电脑写信，而不是与电脑交流。在许多交流中，笨重的打字陈述很难解决问题，如描述机械部件的形状或电路连接的方式。Sketchpad 淘汰了打字陈述（除必要说明），使用线条图像，开辟了人机交流的新纪元。"

　　由萨瑟兰开发的 Sketchpad 系统是计算机辅助设计（CAD）的早期形式之一。此后，计算机在设计中的地位愈发重要，到了今天，几乎所有的建筑实践都或多或少在某个工作阶段使用了计算机。

　　CAD 程序（如 AutoCAD、Vectorworks、MicroStation）是利用计算机绘制施工图的常见工具，承包商会根据施工图进行施工。CAD 革新了建筑师绘制和修改设计方案的方式，不停地印制图纸以及拓图修改都已成为过去。随着高性能计算的成本越来越低，设计师们可以使用更复杂的软件来探索如何生成建筑形式，这一进程拓展了数字技术在建筑学中的应用范围。

　　许多建筑师使用计算机进行 3D 建模和施工图绘制，越来越多的建筑师想要尝试将计算机作为设计过程的一部分。如此一来，计算机就不再是一个用于提升建筑师工作效率的简单工具，而成为一个在设计过程中起着积极作用的推动因素。

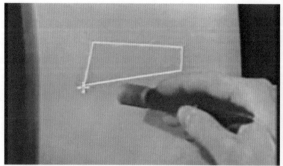

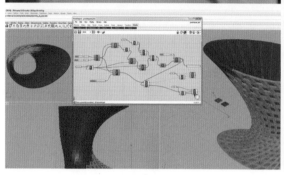

↑↑　计算机在设计和绘图中的应用并非都是近年来的发展成果。早在 1963 年，第一批数字绘图工具就已经处于开发阶段。**在 Sketchpad 上绘制的梯形图**（伊万·爱德华·萨瑟兰，1963 年）

↑　新的应用程序让参数化设计的复杂系统变得更加容易使用。诸如 Grasshopper 一类的软件提供了一个图形界面，以支持复杂数学结构的生成，该数学结构能够被参数化设计软件转换为 3D 形式。**Rhino 3D + Grasshopper**（McNeel 软件公司，2015 年）

→　使用数字化工具进行设计，可以帮助建筑师绘制出常规设计方法难以生成的复杂形式。高雄港码头的复合曲线和环环相扣的形体展现了建筑师在整个设计过程中对计算机的运用。**高雄港码头**（中国台湾，赖泽 + 梅本建筑事务所，2015 年）

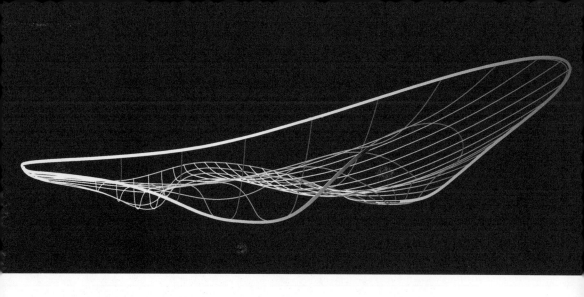

↑+↓+→+→+→ 参数化设计软件可以通过数学运算生成并操作复杂的、动态的形体。扎哈·哈迪德建筑事务所就是通过这样的计算机模型，来测试伦敦水上运动中心的屋顶方案在实际条件下的优缺点。**伦敦水上运动中心的屋顶研究**（英国伦敦，扎哈·哈迪德建筑事务所，2012 年）

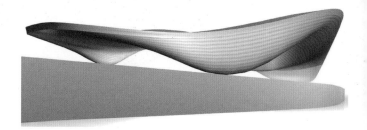

利用计算机进行设计需要较高的知识储备，设计师需要懂得如何使用 CAD 和 3D 建模软件，还得了解编程、几何和微积分的知识。许多 3D 建模程序都可以通过算法（对计算的分步说明）生成形式。在 CAD 和 3D 建模软件中，算法的应用与生成建筑形式的参数化过程息息相关。

参数化设计方法具有广泛的应用范围，从生成形式到深化设计、传递信息。计算机所能提供的设计方式仍在不断涌现，我们已经在许多项目中看到了它的身影。有些建筑师将参数化设计方法作为他们的主要设计方法。

建筑师可以利用参数化设计方法生成建筑形式。在此类项目中，参数可能来自场地条件（地形，交通，光线等），也可能来自空间或体积，还可能来自许多其他因素。参数化设计还可用于开发结构系统，解决面层或表皮的问题。在此类项目中，建筑物本身的形体也许相对简单，但是其结构或表皮则可能引人注目、突破常规。

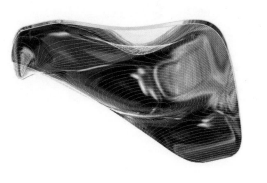

在某些参数化设计的项目中，初始阶段（一个更传统的设计师可能正在草拟构思）可能涉及开发一系列的算法并测试其输出结果。Grasshopper 之类的应用程序能够以可视化方式进行这样的开发。有时（或对于非常高级的用户），需要通过编码或脚本来编写必要的函数。在参数化设计方法中，包含参数的算法（或函数）的迭代，与常规设计方法中绘制草图或制作模型的作用类似，主要用于优化设计并找到最佳解决方案。

使用计算机设计方法并不意味着项目的形态一定具有明显的参数化特征。尽管有些建筑师采用计算机设计方法所完成的设计带有显著的计算机生成痕迹，但是还有一些建筑师借助计算机的力量来优化那些需要满足客户或业主需求的设计，这种设计方案的参数化特征并不明显，但复杂性却一点不差。

计算机：
De Stoep 剧院

荷兰斯派克尼瑟，UN 工作室，2014 年

↖ 整体鸟瞰图

↘ 该建筑的设计核心是三个"大厅"的复杂交汇点。计算机的应用可以更好地处理空间的流动性，提升访客体验。

由 UN 工作室设计的位于荷兰斯派克尼瑟的 De Stoep 剧院，无论形体推演还是效果展示，都采用了计算机设计方法。项目初期的设计方案由执业建筑师本·凡·伯克尔（Ben van Berkel）在草图上绘制完成，主要包含了对场地条件的回应和一些关于剧院的灵感。随着方案的深化，这一设计不可避免地与数字技术联系在了一起。

De Stoep 剧院所在的城市正在快速扩张，它是一个地区性的剧院，也是城市中心复兴的关键元素。剧院可以承办各类演出，也可以开展丰富的社区活动，因此，它必须满足不同的使用需求。剧院的整个设计围绕着三个门厅的交汇点（即"枢轴点"）展开，将建筑的各个功能区域汇聚在一起。这个交汇点如同磁铁一般作用于建筑体块，创建了整个设计方案的动态几何形状。

剧院空间的声学性能至关重要，但成本也是一个关键因素，因为实施该项目的城市相对较小，预算有限。在设计过程的早期阶段，UN 工作室提出了"信息集成、性能驱动"的设计方法论，以之贯穿整个设计过程，并将这一方法命名为设计信息模型。

将涉及声学、视线和灯光的最新软件与建筑设计软件相结合，可以全面、高效地测试方案性能，建立空间模型，检验几何结构的颜色搭配、通风采光以及不同角度的视觉效果。

建筑师会利用一系列的评价标准来分析计算机模型，以确保设计方案在性能和造价上的可行性。随着项目进入更详细的深化阶段，设计信息模型将被导入建筑信息模型软件中，进一步细化和量化，为后续的施工建造做准备。

→ 数字化设计方法的起点可以与计算机无关。在 De Stoep 剧院的初期设计阶段，本·凡·伯克尔通过手绘草图勾勒出了设计构思，作为后续方案深化（通过计算机上的参数化软件来操作）的基础。

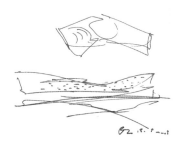

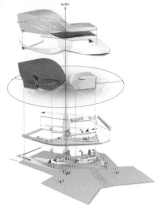

↗ 应用最新的软件来深化项目的技术方案和形体设计，使建筑师（和工程师）创造的剧院与公共空间具备最高水准的技术性能（非常舒适）和第一眼看上去就充满了活力与新意的外形。

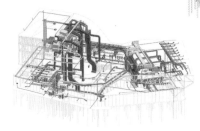

↑ 计算机软件可以根据初始设计概念推敲并调整建筑的形状、空间和各部分之间的关系。剧院的复杂曲线外形就是本·凡·伯克尔最初的草图中发展而来的。

→ 参数化设计软件并不仅仅用于塑造外形。建筑信息模型也是一种参数化应用软件，它能够用于协调施工信息，或生成如图所示的剖面图。

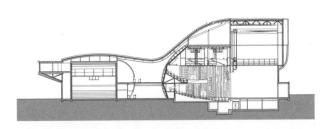

合作

在大众眼里，设计从业者的形象与作家相似。我们想象某个人在某一时刻灵光乍现，灵感源源不断地涌现，下笔如有神（在设计中，即绘制草图或构建模型）。这种观点有一定道理（尽管很少有这样的时刻），因为在实践中，大多由首席设计师负责敲定项目的总体构思或设计概念。大型项目虽然有许多设计师参与其中，各自负责不同的部分，但在设计的初始阶段却都需要遵循首席设计师的思路。

上述设计过程，遵循的是一种十分传统的设计方法。近年来，许多人开始质疑这种设计方法是否能够真正有效地满足用户需求。他们认为，只听取一位设计师观点的设计方法是有缺陷的，不能因为"设计师是专家"，就认为他一定能为用户提供"正确"的解决方案。相反，我们应该采纳"用户是专家"的设计理念，如果采用一种合作性更强的设计方法，由建筑师、用户和其他项目利益相关者合作完成设计，则可以创造出更优秀的方案。

合作设计方法需要建筑师改变自身角色，并拥有一套不同的技能。它需要建筑师乐于让他人参与设计过程，有时甚至需要建筑师放弃在设计过程中的主导地位。对某些建筑师而言，这种转变非常具有挑战性：几个世纪以来，建筑师一直接受着"我们就是专家"的教育，并且具备名副其实的专业知识。合作设计方法意味着在个别领域或特定情景下，建筑师并不是专家，而设计也必须遵循其他人的意见。在这种情况下，最终的设计并非建筑师一人的功劳，而是团队协作的成果，是每一个为设计过程注入独特想法的团队成员的共同贡献。

参与式或合作式的设计方法在建筑师和公众中日益盛行，尤其是在项目具有重要的社会或社区价值时。此外，如果项目所在地的政府或社区没有足够的资金（因此需要依靠当地劳动力帮助建设），合作式设计方法可以更轻松地借鉴和利用社区内现存的知识和技能。

➜+➚➜+➜➜　在任何设计过程中，合作都必不可少。尽管设计团队中的工程师或咨询师可以随时解决问题，但仍有可能需要更多的专业知识。为了实现目标，阿克斯社会正义领导力中心（Arcus Centre for Social Justice Leadership）的建筑师必须理解发展社会正义意识的本质，并将其体现在建筑中。建筑师与中心的工作人员一起创造了这一场所，是包容性和多样性的具象体现。**阿克斯社会正义领导力中心**（美国密歇根州卡拉马祖，甘建筑工作室，2014 年）

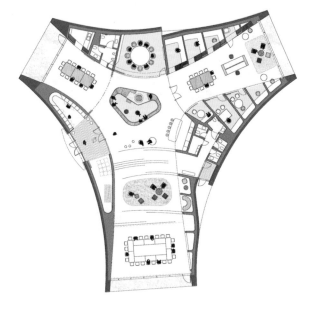

合作：
瓜达尔儿童中心

哥伦比亚比亚里卡，费尔德曼和基尼奥内斯，2013 年

丹尼尔·约瑟夫·费尔德曼·莫尔曼和伊万·达里奥·基尼奥内斯·桑切斯设计的位于哥伦比亚比亚里卡的瓜达尔儿童中心（El Guadual Children's Centre）为 300 名 5 岁以下儿童、100 名孕妇和 200 名新生婴儿提供饮食、教育和休养服务。该项目是哥伦比亚国家青少年战略的一部分，建筑师们需要参与社区咨询、社区互动、筹款捐助等活动，并在活动中对社区进行指导。

建筑师们接受了挑战。在标准咨询流程之外，他们需要与不同用户群体一起进行设计，并让当地社区组织、儿童、年轻母亲和建筑商参与其中。该项目的最终成果已经不再局限于建筑，还为使用者和社区团体提供了交流与实践的机会。

费尔德曼认为，这种设计方法固有的挑战之一是营造一种使人们能够"表达自己的需求和欲望"的氛围。与孩子和父母们的初期会面表明，人们对学校或社区中心的想象非常具体。因此，支持人们"摆脱对幼儿园的刻板印象，让他们有兴趣主动参与设计过程而非只是提供建议"，成为研讨会的初期目标。

建筑师费尔德曼和基尼奥内斯与儿童、青少年、孩子们的母亲、教育工作者以及社区领导们一起举办了研讨会。在会议上，最初由建筑师提出的设计理念受到了挑战和修改。两位建筑师

充当"设计协调者"的角色，他们制定方案并与未来的使用者一起分析设计的优劣。

在探索项目的建造方式时，建筑师需要与当地建筑商协同合作。当地社区团体希望确保项目的建设能够为当地经济带来效益，这一点非常关键。为此，在与当地建筑商和社区团体负责人讨论之后，建筑师对设计进行了修改，以确保该项目能够为当地居民创造就业机会。在这一项目中约有 60 名当地人接受了建筑培训，另有 30 名当地人接受了青少年早期教育的培训，并被聘用为该中心的工作人员。

即使在细节上，瓜达尔儿童中心也体现了合作式设计方法。劈竹板是一种当地常见的建筑材料，但建筑师们尝试"重新想象如何以创新的方式使用本地资源"。因此他们与当地建筑商合作，将劈竹板（在当地采购）用作粗糙混凝土墙的模板。竹子得到了充分的利用，既被用作结构材料也被用作表面处理。一位经验丰富的建筑工人负责搭建劈竹板，这位工人还对瓜达尔儿童中心的当地社区成员进行了培训。

在设计瓜达尔儿童中心的整个过程中，费尔德曼和基尼奥内斯希望确保合作设计方法的优势不只体现在建筑上，也能赋予相关人员归属感和话语权。对于该模式的成功，费尔德曼这样说："参与瓜达尔儿童中心设计过程的一位母亲在体验过这番经历后，认为自己可以成为比亚里卡'孩子们的声音'。现在，她已是一名市议员。她成了该项目的守护者，同时也是城市政府和国家政府内部儿童权益及儿童中心的倡导者。"

←+↑　建筑师与用户团体合作进行设计并充分考虑当地人的需求，使得该项目富有社区特色。以项目利益相关者为中心展开的设计过程，意味着瓜达尔儿童中心能够为母亲和儿童的特殊需求提供有价值的服务和保障。

↑　合作设计方法要求建筑师开放设计过程，直接让项目利益相关者参与设计。通过合作，建筑师认识到"专业性"存在于社区内部，而不是只有"专家"才具备。通过举办研讨会或工作营，瓜达尔儿童中心的建筑师得以全面了解最终用户的需求和愿望。

←　合作设计方法还可以为社区带来更多好处。社区团体要求该项目能够为本地居民创造就业机会，因此，当地企业对项目工作人员进行了培训。

→　合作设计方法创造了一个可以利用本地知识来支持项目建设的环境。工人们利用随处可见的塑料瓶解决了竹结构开孔的积水问题。

→　建筑服务于人，合作式（或参与式）设计方法为发现并满足用户的需求提供了更多机会。

第五章

项目的界定

探讨项目简介

每个项目的起始阶段都需要以某种形式来描述需求，在英国将其称为"项目简介（brief）"，在美国将其称为"项目大纲（program）"。项目简介通常会介绍使用者关心的信息，例如住宅的项目简介，会介绍卧室数量、厨房类型或建筑风格。工厂的项目简介会写明生产流程所需的具体建筑面积。即使是用于探索设计概念的实验性项目，也需要提前界定建设区域的性质和范围。

项目简介的内容不容小觑。许多由客户提供的项目简介，对于建筑师来说都不够细致，无法作为设计依据。有时，客户对自己的需求不甚了解，或者仅能提供一些基本信息。例如，开发商想要购买土地进行开发，但对该地段所适合（或能够建造）的项目类型一无所知。在这种情况下，建筑师需要针对不同的项目类型展开"可行性研究"，通过大量的调研分析，来帮助开发商确定项目简介。

有时，客户提出的需求并不能真正解决问题。例如，客户提出："我们没有足够的空间，希望能设计一座新房子。"听起来，最直接的解决方案是寻找新场地并设计新建筑。但是，如果建筑师把调研当作设计过程的一个阶段，首先分析当前建筑的使用情况，也许会发现可以通过重新配置现有空间来满足客户的需求。当然，并不排除客户确实想要一座新房子的可能性，举这个例子是想说明：在设计初始，最大限度地探讨项目简介非常重要。

←←+← 对某些类型的项目而言，客户会根据建筑物的用途或自身业务需求制定非常明确的项目简介。这家位于德黑兰的建筑板材厂在项目简介中注明了对建筑面积和空间高度的特殊需求，以确保在移动材料或成品时可以畅通无阻。**Paykar Bonyan 板材厂**（伊朗德黑兰，ARAD 设计公司，2006 年）

相较于其他人，某些客户能够提供更为明确的项目简介。例如，一个成熟的零售品牌在开设新店时会先调查顾客和现有商店的基本情况，再根据调研结果提出特定的需求。

建筑师接手的项目并非都需要客户，他们可以凭借自己的兴趣来开发设计项目，用于理论研究（基于建筑师长期探索的设计思想）或是商业运营。建筑师既可以充当甲方，也可以继续扮演设计师的角色。

在教育教学或专业实践中，无论项目简介是否明确，设计师都应提出一些关键问题（如下文所述），以帮助界定项目的设计参数。

↑+↗ 由客户提供的住宅项目简介上详细列出了建筑所需的空间类型，建筑师需要找到实现这些愿望的方法。对客户而言，这些设计方案看起来具有挑战性，令人耳目一新，也让人感到兴奋和期待。在结屋（Knot House）的设计中，建筑师将客户的需求和愿望与层层叠叠的山坡景观相结合，形成了一系列独特的、层峦起伏的室内外空间。**结屋**（韩国巨济岛，张秀贤工作室，2014 年）

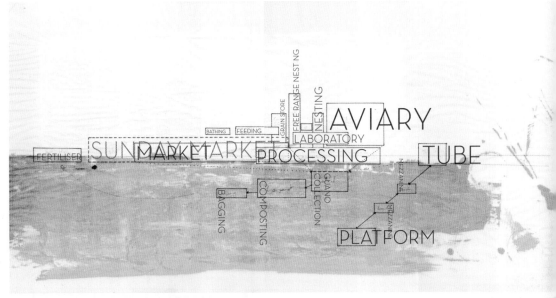

↑↑+↑ 在建筑师教育的早期阶段，用于设计练习的项目简介通常是明确具体的。随着学生的成长，项目简介变得越来越开放。有时，为了研究或实验，建筑系学生会创造自己的项目简介。在设计"鸽子广场"的项目简介时，建筑师调研了建筑场地和伦敦文脉，在项目简介中表达了本地食品生产将会成为城市建设驱动力的未来愿景。**鸽子广场项目场地概念图和建筑剖面图**（阿什利·弗里德，2012 年）

使用人群

　　客户是指委托建筑师负责建设项目的个人、公司或组织。如果是私人住宅，客户可能是未来入住的个人或家庭。如果是总部大楼，客户就是未来将要使用这栋大楼的公司及公司员工。

　　然而，客户并非使用者（用户）的案例也越来越多。在许多大型项目中，雇用建筑师的客户可能与用户相隔甚远。例如，许多大型商业建筑是由开发商委托设计的，开发商筹集资金，并将其作为"投机性"项目来开发。他们不打算自己留用，而是另外找人接手，以使自己的投资迅速得到最大回报。更复杂的是，很多时候开发商会指定一个承包商，再由承包商委任建筑师。因此，建筑师的客户是承包商，而非开发商或使用者。承包商的目标是以最低的成本交付一个完整的建筑，最大限度地提高自身利润。

　　遇到这种情况，建筑师必须清楚客户是谁，以及用户可能是谁，必须仔细考虑建筑师、客户和用户之间的复杂关系。为了满足不同群体各式各样的需求，我们有时会采用"项目利益相关者"这个概念，这样，在权衡各方利益时，建筑师会一视同仁，而非区别对待。

　　↗+→　　客户和用户的关系可能非常复杂。在阿克奈比奇教育基地的项目中，客户是当地政府，用户却是孩子和老师们。客户提供资金，但用户的需求却与客户的需求完全不同。建筑师需要采取合作设计方法，让当地社区居民（父母、教师和学生）参与设计过程，借以理解并明确特定用户的需求，进而为客户提供一个经济上可行的解决方案。**阿克奈比奇教育基地**（摩洛哥菲斯，MAMOTH+BC 建筑事务所，2013 年）

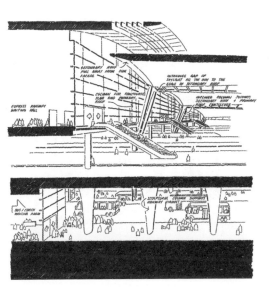

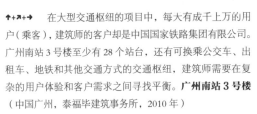

↑＋↗＋→　在大型交通枢纽的项目中，每天有成千上万的用户（乘客），建筑师的客户却是中国国家铁路集团有限公司。广州南站 3 号楼至少有 28 个站台，还有可换乘公交车、出租车、地铁和其他交通方式的交通枢纽，建筑师需要在复杂的用户体验和客户需求之间寻找平衡。**广州南站 3 号楼**（中国广州，泰福毕建筑事务所，2010 年）

项目类型

项目类型会影响建筑师对项目简介的分析，也会影响根据项目简介和后续调研所得的项目参数。尽管许多项目（尤其是大型项目）有多种用途，建筑师会选择一个主要用途来设定项目简介的总体目标。

居住建筑

对于许多建筑师，尤其是刚入行的建筑师来说，住宅是最常见的项目类型。虽然住宅的主要用途是居住，但是需要解决的设计问题可能会多种多样，尤其在涉及项目规模时。

虽然独户住宅可以由开发商委托建造，但住宅的客户通常是购房的业主或家庭。需要在项目简介中明确的问题，通常与客户的独特需求和愿望直接相关：几层楼、几间卧室、厨房类型等。

除家庭住宅项目外，还有各种类型的"多住户"住宅项目，有私人性质的，也有公共性质的。多住户住宅可容纳许多不同类型的、互不相关的住户，在这栋建筑中，他们都有自己的居住空间。公寓楼是此类住房的典型代表。

不论是私人性质还是公共性质的公寓楼，项目简介中需要明确的问题基本一致，主要区别在于预算和所有权。如果公寓用于出售，项目简介需要适当地减少一部分设计内容，以便新业主可以自由利用空间。如果公寓用于出租，项目简介可能会要求全部使用标准配套设施，以降低成本并最大限度地减少维护工作。私人性质的公寓楼可能预算较高，以便销售住宅获得利润。

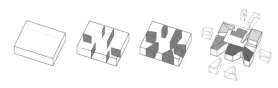

↑　大多数私人住宅项目的设计简介是由用户定义的，通常，用户就是客户，他们对项目有特定的需求和愿望。上图中私人住宅项目的客户希望有阳台，但建筑周围并没有足够的观景点。AND 建筑事务所为该项目设计了"室内阳台"，可以分离出重要的景域或者充当像阳台一样的受保护空间，却将视线聚焦到室内。**虚空的墙**（韩国江原道束草市，AND 建筑事务所，2014 年）

公共性质的多住户住宅，也被称为社会住房，是由国家或地方政府出资（或委托）建造的，用于扶持低收入群体或无力购买住房的人群。这样的住宅单元通常有一套明确的设计标准，项目简介相当规范，预算也比较紧张。同时，社会住房也有道德层面的需求——其质量必须足够高，才能反映住房提供者——当地政府的水准。

无论多住户住宅是私人的、公共的还是社会的，建筑物中都有一些区域是由所有居民共享的，如入口大厅，走廊或地下洗衣房等。建筑师需要谨慎地对待这些共享空间，以确保住宅中的居民了解并重视自己对共享空间的使用权和所有权。

↖ 多住户住宅与私人住宅的设计需求大体一致，但多住户住宅需要解决与共享空间有关的一系列问题。在为房地产公司设计的一个用于出售的公寓项目中，Najas 建筑事务所的方案独具特色。室内庭院和郁郁葱葱的植物为住户提供了宁静的空间，在厄瓜多尔炎热的气候里营造了凉爽舒适的小气候。**维瓦托公寓**（厄瓜多尔基多，Najas 建筑事务所，2013 年）

↑↑+↑ 社会住房需要符合政府要求，同时为住户提供舒适的居住环境，例如巴利穆恩更新项目。FKL 建筑事务所与当地人合作完成了一个贯穿整个场地的方案，创造了有趣的临街空地和一系列私人花园。**上安大道社会住房**（爱尔兰都柏林巴利穆恩，FKL 建筑事务所，2013 年）

商业建筑

商业建筑（用于进行商业活动的建筑物）是排在住宅之后的第二大项目类型。商业建筑的设计任务非常艰巨，包括办公室、商店、小型企业、工厂和饭店等。商业建筑的范围很广，从小公司办公室的整修到容纳众多企业的摩天大楼的设计。

对于商店或饭店，项目简介中会有一些与公司身份或所供应食物类型有关的特定需求。通常，此类场所的设计必须与公司的整体"形象"相匹配。

办公楼或办公室的项目简介应写明如何利用内部空间。办公活动大多是在办公桌上进行的，但不同公司使用的办公桌各有不同。例如，参与金融股票买卖的人需要多个计算机屏幕，所需的办公桌面积则相对较少，因为他们的大部分工作都是以数字化的方式进行的。另一方面，花大量时间处理文件的人（如律师）则需要较大的办公桌面积。使用电脑工作的人对光线的需求不高，而阅读文件的人则需要更好的照明条件。如果需要设计的办公空间并非针对某一特定群体，建筑师还应该考虑如何设计出具有灵活性的空间，以适应不同用户的需求。

↖+← 在设计商业建筑时，建筑师所面临的最常见的挑战是如何创造出一种能够展现品牌或身份的环境。在伦敦孟加拉国旧仓库鱼市场餐厅的设计中，康兰建筑事务所需要在全新的室内设计与历史悠久的东印度公司大楼之间取得平衡。餐厅在原有建筑的基础上增添了天然材料，以及简单的家具和配件，尽量减少对原建筑的改造。**鱼市场餐厅**（英国伦敦，康兰建筑事务所，2012 年）

↑+↗ 办公室的内部空间需要匹配特定的工作类型。办公桌、照明和其他服务设施的摆放是营造舒适高效工作环境的重要因素。在设计可以容纳四个不同部门的新政府办公楼时，Arkitema 建筑事务所意识到每个部门都有自己的工作特点。建筑具有统一的视觉外观，却被分为四个部分，分别与四个部门相关，每个部分的内部空间能够适应不同的工作方式。**NEXUS CPH**（丹麦哥本哈根，Arkitema 建筑事务所，2014 年）

公共建筑、机构建筑

许多类型的项目可被视为公共建筑，它们不一定是由政府出资建造的，但一定是服务于民众的。政府办公楼属于此类建筑，在其项目简介中会有一些需要识别和探讨的特定要求。例如，大使馆的设计需要考虑安全措施，而火车站或机场的设计需要考虑如何能够容纳成百上千的乘客同时通行。

机构建筑旨在实现特定功能，通常由单个组织使用，如学校、博物馆或医院。教育建筑可以说是最复杂的类型之一，其项目简介包括需要解决的实际问题（学生和教职工的数量以及教室和办公室的数量）和有关学校教学目标的相应信息。设计团队可能需要做好研究教育理论和教学实践的准备，以便制定支持学校教学理论的最佳空间策略。

文化类机构建筑包括博物馆、美术馆、音乐厅和剧院等。这些建筑有特定用途，但也会有一些通用功能。例如，博物馆的展馆需要专业的陈列布置和吸引人的流线设计，但博物馆内也有商业空间，如礼品店、餐厅或咖啡馆等。博物馆的行政区域和辅助设施也需要既专业又通用的空间。博物馆的工作空间需要安装专业的设备来控制室内环境，以确保文物在筹备、保管或修复时保持良好状态。

医疗设施（医院、诊所、研究实验室等）也可以归为机构建筑。医院的需求千差万别，从

↑+↗+→　哥伦布学院旨在传达一种安全感以及与自然的联系。学校周围环绕着一条"绿色小路"，为学生探索当地环境提供了一段旅程。学院内部有一系列的学习空间，可以为许多学生（包括有特殊需求的学生）提供学习设施。同许多学校建筑一样，哥伦布学院也是一个复杂的项目，涉及教学区、办公室、娱乐和交通空间。只有所有人共同努力，才能创造出这样一个既能激发学生灵感又能有效运营的场所。**哥伦布学院**（英国埃塞克斯切尔姆斯福德，哈弗斯托克建筑事务所，2012 年）

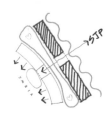

用于医疗护理的传统空间（治疗室、康复室、手术室、候诊室）和行政管理空间（办公室、接待室、药房）到专业检测设备间、门诊护理室、咨询区、实验及教学区、餐饮设施区、商店和其他商业空间。在医院建筑的项目简介中，确定相关需求的优先级是至关重要的。

↖+↑ 编织文化中心是瑞典一项较大的城市重建计划的一部分，属于综合性开发项目，将图书馆、娱乐中心、餐厅和表演空间编织在一起。这种综合性开发项目需要平衡各功能区域之间的竞争性空间需求，同时还要确保项目在更大范围的城市重建中依然能够成为该地域的核心。**编织文化中心**（瑞典于默奥，斯诺赫塔建筑事务所，2014 年）

↙+↙↙+↓ 对建筑师来说，医疗设施的设计非常具有挑战性，他们需要协调一系列的复杂功能，以便为病患提供舒适的环境。威尔士大学医院的专业护理机构——创维青少年癌症基金会的建设场地非常狭窄，这一机构旨在为青少年及其家人提供医疗空间。建筑师通过有效地布置内部空间、选择合适的材料和颜色，既解决了场地上的困难，也满足了患者的需求。**创维青少年癌症基金会**（英国威尔士卡迪夫，斯特里德·特里格洛恩建筑事务所，2008 年）

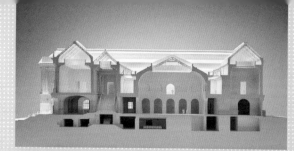

公共建筑、机构建筑：
南特艺术博物馆

法国南特，斯坦顿·威廉姆斯建筑事务所，2016 年

20 世纪 90 年代中期以来，斯坦顿·威廉姆斯因其创作而闻名于世，他的作品利用光、材质和空间的细腻质感来"重建人与环境之间的联系"。他将这一理念运用在城市规划、建筑设计、产品设计等各个领域的创作中，屡次赢得比赛。

2009 年，斯坦顿·威廉姆斯建筑事务所赢得了法国南特艺术博物馆扩建和修复项目的竞赛。这一项目非常复杂，旨在进一步促进新城区的发展，建筑师需要更新一个现存的 19 世纪建筑，并通过一些新建筑，将已有的画廊与 17 世纪的礼拜堂连接起来。新的建筑体系被统称为南特艺术博物馆。

与事务所的众多设计一样，该博物馆力求在复杂的城市环境中，通过敏锐与精细的当代设计将新建筑和现存建筑（文化遗产）融合在一起。现存建筑包括旧博物馆、礼拜堂和住宅楼，建筑师需要一个能将新元素编织进旧元素的设计策略。同时，该设计旨在将游客体验从内向的、封闭的博物馆环境转变为"开放、透明、充分与城市文脉相融合的环境"。

斯坦顿·威廉姆斯建筑事务所的主管保罗·威廉姆斯和帕特里克·理查德在设计过程中十分重视草图和模型。对南特艺术博物馆而言，模型是探索设计构思的主要工具之一。正如威廉姆斯所言："没有什么比建造一个大模型并能'进入'该模型更能让人体验空间了。"在设计过程中，他们并不愿意太早使用计算机（即使客户通常希望看到计算机模型），因为计算机会过早地"固化"设计。

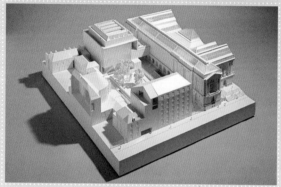

↑↑　斯坦顿·威廉姆斯建筑事务所的建筑师热衷用模型表达空间构思。设计过程中创建的大型剖面模型为设计团队提供了空间研究方法，和探索新建筑与现有建筑构造之间关系的机会。

↑　该模型还显示了添加新画廊之后创建的新广场。因此，模型的使用范围扩展到了城市的尺度，用来探索新方案对周边环境的影响。

↓　斯坦顿·威廉姆斯建筑事务所继续在整个项目中使用模型。博物馆正门的大型模型使设计团队可以考虑细节——从台阶和扶手的布局到石材和座椅的处理。

→ 通过计算机模型和可视化工具，将方案整合到现有街道的照片中，展现项目完成后的景观视图，使建筑师既可以理解又可以交流——如何将新画廊与现存的 18、19 世纪的城市风貌相结合。

↳ 除了使用大型实物模型，斯坦顿·威廉姆斯建筑事务所的设计团队还开发了 BIM 模型，如图所示。建筑师在模型制作中修改设计，并对数字模型进行相应的更新，以使施工信息及时反映方案的最新进展。

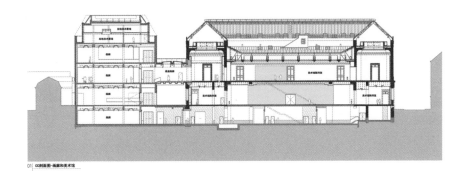

01 | CC剖面图-画廊和美术馆

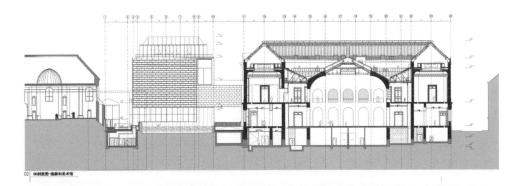

02 | DD剖面图-画廊和美术馆

← 斯坦顿·威廉姆斯建筑事务所极少使用计算机可视化模型，他们更依赖实物模型。然而，当他们想要对建筑外观和空间质感有明确的把握时，他们会耗费大量时间来制作高精度的计算机图像。这张新画廊内部的楼梯视图，展现了薄雪花石膏板所营造的温暖氛围。

↓ 设计既是一种技术活动，也是一种空间活动。为了创造交通走廊的丰富环境，设计团队与一家玻璃制造商合作开发了一种将玻璃和薄雪花石膏板相结合的新产品。设计过程包含该实物模型的制造与评估。

在斯坦顿·威廉姆斯建筑事务所的设计过程中，讨论空间很可能会像讨论要被雕刻、清除、推动和塑造的材料一样。在讨论南特艺术博物馆项目时，理查德谈到，通过放置体块打开投向或穿过新城区的视野，建筑师在室内和城市空间中创造了"场景"和"愿景"。

在设计竞赛中取胜只是项目的开始。赢得佣金之后，建筑师需要完善竞标方案。在南特艺术博物馆的设计中，斯坦顿·威廉姆斯建筑事务所继续制作手工模型，绘制草图或更为细致的图像。威廉姆斯解释，他们希望通过模型和绘图来指导项目进程，因此会比其他项目更耗时："如果能找到一种交流设计思想的途径，客户会为自己的想象力叫好。"使用模型和绘图来展现空间的具体属性，但不需要太逼真，这样可以引导设计团队和客户思考纹理、光线和体量，而不会"陷入言之尚早的细部设计阶段"。

当然，使用计算机软件也是事务所工作流程的一部分，CAD 和 BIM 被用来绘制施工图。

随着方案逐渐明确，事务所开始制作计算机可视化模型，以呈现给客户或用于宣传。与之类似，在这一阶段，事务所会采用激光切割和 3D 打印来制作更为精确的实物模型。有时，斯坦顿·威廉姆斯建筑事务所会创建全尺度的实物模型来测试项目的各个方面。在南特，他们与法国玻璃公司圣戈班（Saint-Gobain）合作开发了一种将雪花石膏和玻璃结合起来的新产品，用于部分外墙。

2009 年，事务所赢得博物馆的设计竞赛；2016 年，博物馆完工；2017 年春季，博物馆重新开放。虽然项目的某些部分已经建成，但建筑师一直在持续地改进设计。这意味着即使在施工阶段，模型制作也未曾停歇，它可以帮助设计团队探索建筑的细节材质和展厅的样式。

→ 这张图看起来很像电脑渲图，其实它是一个集实物模型、良好照明和完美摄影为一体的成功案例。这样的模型照片对斯坦顿·威廉姆斯建筑事务所的设计过程至关重要。大尺度的模型（如图所示）可以让建筑师"在空间内部"把握设计。

语境

　　无论采用哪种设计方法，项目始终存在于语境之中。对于许多设计师而言，语境是推敲方案的起点。有时，语境会贯穿项目设计过程的各个阶段，有时，语境仅仅提供推动项目朝着特定方向发展的基本条件。

　　建筑的语境既包括物质语境（大小、位置、取向），也包括非物质语境（历史、功用等）。我们必须全方位地了解设计场所，才能做出明确的回应。即使是理论性项目，没有特定的场地，语境依然存在，它可能是我们所处的社会、政治或历史情境，也可能源于我们对这个项目所持的理论立场。

物质语境

　　大多数情况下，物质语境是影响设计进程的主要因素之一。建筑师可能会积极地寻求将设计与物质语境紧密结合，或用设计来挑战物质语境。

　　对一个项目来说，最显著的语境是场地的物质特征。小场地的相关数据，可以通过简单测量来获取，但这种方法仅能得到不够准确的、最基础的信息。许多地区（尤其是主要城市）可以查到详细的地形信息，包括数字化的地图数据。

　　其他物质条件，如物业契约或土地注册信息，也可能会影响设计。对于陡峭的场地，建筑师需要通过勘察地形来了解情况。此外，勘察地形还可以获得更精确的场地信息，例如场地内成熟树木的详细资料。设计师可以采取清晰地设计策略，决定每一棵树的保留或移除。

↓　物质语境是最直接的可分析信息。通过摄影、测绘、勘察或绘制草图，普雷文·奈多在两条高架铁路线之间的荒地中放置了一系列娱乐设施。在设计初期，建筑师通过测绘来研究语境，突出展现了该场地的不同用途和空间节奏。**语境研究**（英国伦敦佩卡姆，普雷文·奈多，2012 年）

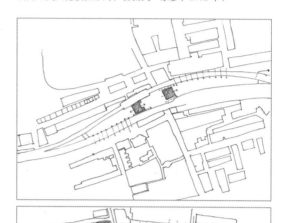

　　环境因素，如日照条件、盛行风向和降雨量等场地特征都很重要。例如，场地位置决定了一年中任一时间的日照量和日照角度。日照条件影响建筑开窗的位置、高度及朝向。盛行风向影响建筑的入口位置，甚至影响建筑的整体形态。

　　声音也是重要的物质语境。城市建筑，需要考虑交通噪声。对于需要控制听觉环境的项目，如录音室或剧院，建筑师必须了解周围环境的声音频率，甚至需要非常详细的信息，以便提出将噪声最小化的设计方案。如果想在建筑中举办嘈杂的活动，就需要考虑建筑自身的隔声效果。

↓+↘   在一座位于利德贺街的新建筑的设计初期，建筑师考虑了场地周边的日照情况、风环境和声环境，这些因素对于确定建筑形式和精确定位位置非常重要。**利德贺大楼场地调研**（英国伦敦，RSHP 建筑事务所，2012 年）

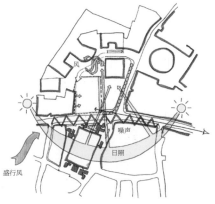

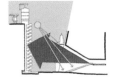

塑造公共空间

现有的规划：在圣海伦广场入口处即可看到圣安德鲁井下教堂

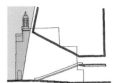

拟建建筑轮廓体现了对勒琴斯设计的144莱登霍尔大街的立面的尊重

在建筑基地内创造公共空间

从低层建筑的缺口处能看到圣安德鲁井下教堂

拟建方案提高了教堂的可见性和存在感

建筑学、考古学与语境：
图里亚里瓦罗哈城堡

西班牙瓦伦西亚，VTiM 建筑事务所，2012 年

在与历史遗产相关的项目中，语境变得尤为重要。如果场地状态不佳，而项目的设计目标是想重新唤醒场地活力，那么可能要对能否（或是否应该）保留该历史文脉提出疑问。如何平衡古迹的完整性和现代建筑的功能性，可能存在争议，设计师、历史学家和考古学家必须展开谨慎的合作。

在由 VTiM 建筑事务所主持的西班牙图里亚里瓦罗哈城堡改建项目中，建筑师和考古学家之间的关系对推进设计过程至关重要。考古团队的介入使保护这一重要历史遗迹的工作得以在设计初期展开。

这座城堡始建于 9 — 12 世纪，是一座阿拉伯堡垒，13 — 15 世纪被用作城堡，16 — 19 世纪又成为当地领主的住所，后来年久失修被用于农业生产。到举办图里亚里瓦罗哈城市更新设计竞赛的时候，这座城堡已岌岌可危。迅速采取措施保护城堡，需要建筑师和考古学家的密切合作。随着设计过程的展开，更多文化遗址被发掘出来。与考古学家的紧密合作能够帮助建筑师不断地更新设计策略，充分地利用重要的考古发现。

↗↗ 对于历史建筑，应在设计过程中尊重其原有结构。VTiM 建筑事务所选择从原有立面留下的一个哥特式窗户开始分析现存建筑。

↗ 在开始新建筑的设计之前，VTiM 建筑事务所和考古团队必须制定出稳固现存建筑的策略。

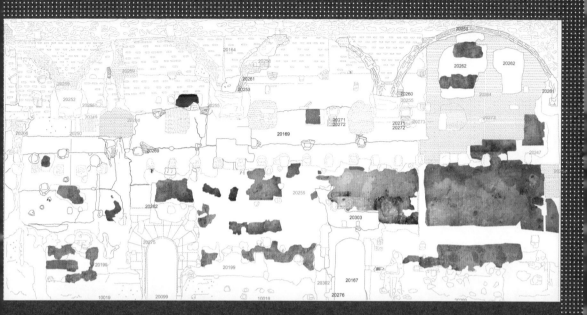

↑　随着工作的推进，场地内又有了新发现。考古学家调查并记录了大厅内墙上的古老涂鸦：图中不同的颜色表示从 12 世纪（桃红色）到 20 世纪（橄榄绿色）不同时期的材料。这为语境设计方法提供了依据。

↓+↘　自建设伊始，如何处理历史遗迹成为一个反复出现的问题。在设计过程中，考古学家和建筑师密切合作，将新的历史发现不断整合到设计策略中以完善设计方案。例如大厅中的这幅名为"法蒂玛之手"的涂鸦，在已建成的新建筑中仍然可以看到其身影。

←+→　重新整修后，城堡的主要功能之一是举办活动。现有庭院是主要的活动空间，还可作为拍照背景。严谨的修整工作，包括引入钢和玻璃制成的楼梯，使该空间完全适用于开展各种活动。

↘+↘↘　连接城堡两翼的新建筑被视为接待空间，该建筑结合了交通与考古展览的功能。透明的地板展示了位于其下方的历史遗迹。在设计过程中，考古团队功不可没，他们帮助建筑师确定了那些值得保留且可以作为景观的遗址区域。

在清理新建筑的入口区域时，考古团队发掘出了古老的地下遗址。发现历史遗迹之后，设计团队立刻重新组织了该区域的布局，并设计了一个画廊，使参观者可以看到地下的历史古迹。在清理主画廊早年的颜料和灰泥时，考古团队发现了涂鸦。经过进一步研究，人们发现这些图像和文字非常重要——有些可以追溯到 11 世纪。设计团队再次修改设计并采用了新的设计方法，使考古发现的涂鸦和粗糙表面成为该区域的特色。

正是因为建筑师和考古学家之间的密切合作，位于里瓦罗哈的对国家有着重要意义的建筑遗产才得以重见天日。此外，建筑师从一开始就表明城堡必须成为具有综合功能的建筑，才能为该地区带来新的机遇。在揭示和保护古老遗迹的同时整合城堡的新用途，是项目所面临的挑战。

图里亚里瓦罗哈城堡几经易主，每个时期都有不同的使用功能。从长远来看，这座城堡不仅要"可居"，还需要开发其他用途。正如项目建筑师安吉尔·马丁内斯·巴尔多所说："当前的任务，是要保证城堡的文脉得以存续。我们希望看到各个时代的不同故事，而不是只偏爱某一段时期的故事。"这不是一座博物馆建筑，而是一座包含"活历史"的建筑，这座建筑应当允许新旧艺术和谐共生。

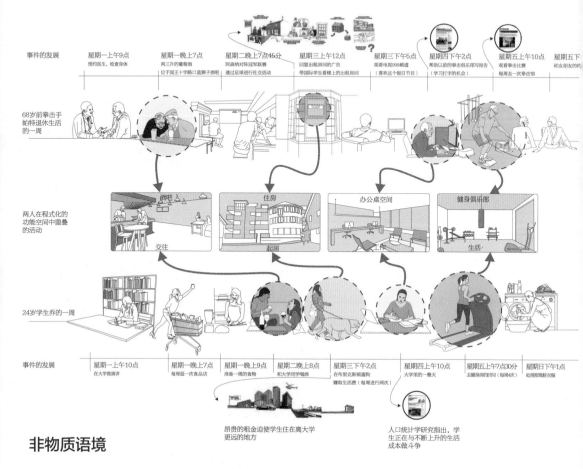

非物质语境

　　影响项目的非物质语境具备随时间变化的无形特质，这些特质也许在物质层面是不存在或不可见的，但深深地影响着使用者、客户和设计师对项目的理解。

　　人们使用场地、建筑或室内空间的方式是项目策划的重要内容。观察人们在场地中的活动路径可以启发设计师对项目的选址，设计师需要选择是保持现有的活动路径（或活动模式）还是通过设计的干预来引导人们与建筑互动。观察人群的聚集点（躺在阳光下，坐在草地上，坐在长凳上等）也可以激发灵感，增强设计师的场所意识。

↑　一个地方的社会、文化、政治和历史等方面都可以作为非物质语境。在伦敦加里东路的一个项目中，路易斯·潘恩通过识别与定位"角色"（不同的使用者）来理解文化群体与空间利用之间的关系。**角色故事线**（路易斯·潘恩，2014 年）

↗　丽贝卡·法默在项目"各自逃亡"中，探索了耶路撒冷复杂的社会政治文脉，以了解城市作为个体避难所的方式。这项研究为她后来的设计提供了支持。**使用者分析**（"各自逃亡"，丽贝卡·法默，2011 年）

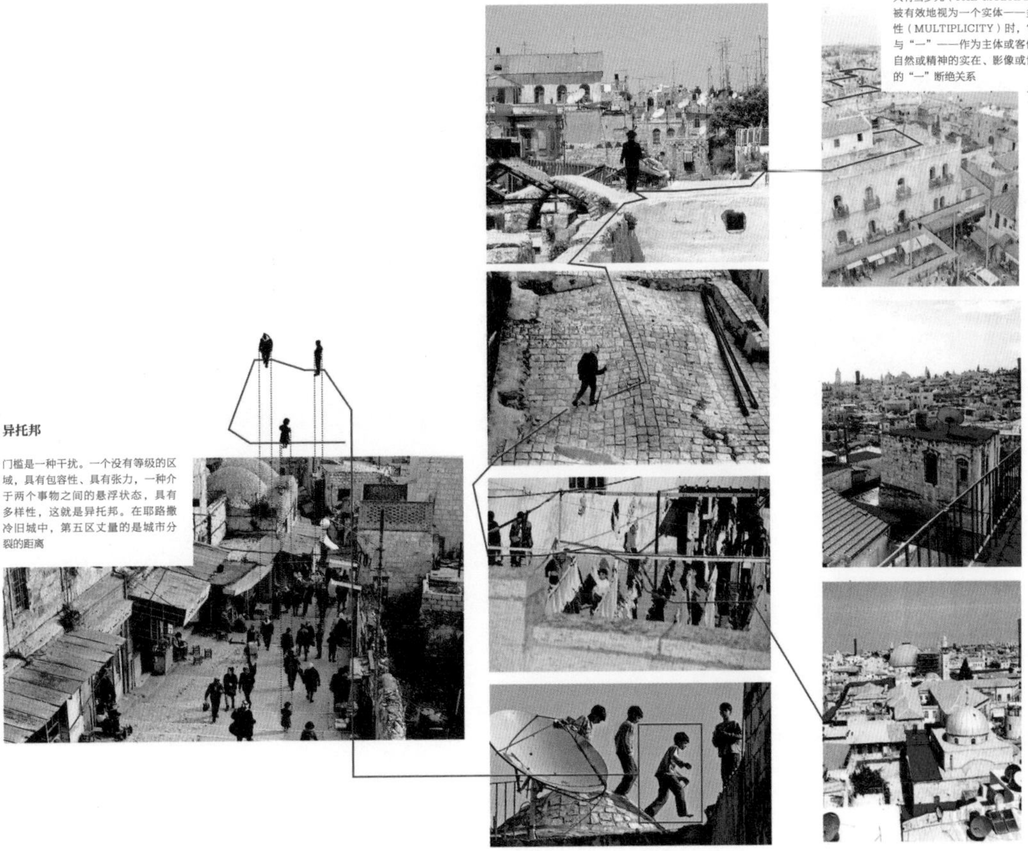

分析逃亡者，你会发现耶路撒冷的
另一个层面——屋顶

只有当多元（THE MULTIPLE）
被有效地视为一个实体——多样
性（MULTIPLICITY）时，它才
与"一"——作为主体或客体、
自然或精神的实在、影像或世界
的"一"断绝关系

异托邦

门槛是一种干扰。一个没有等级的区
域，具有包容性、具有张力，一种介
于两个事物之间的悬浮状态，具有
多样性，这就是异托邦。在耶路撒
冷旧城中，第五区丈量的是城市分
裂的距离

某些非物质语境对项目初始阶段具有非常直接、切实的影响。例如，建筑师在接受设计委托时所处的经济环境可能会影响项目在财务上的可行性。在经济不稳定的时期，商业项目的客户会要求加快工程进度，以便尽早售卖或出租。

社会语境也不容忽视，每个项目都存在于不同的社会语境中。根据项目性质的不同，社会语境可以是地方性、区域性或国家性的，也可以是以上全部。社会语境是指该地区民众的文化、阶层、态度、教育、行为和活动。社会语境也与当地不同类型的社会群体有关，例如，在大城市的市中心，社会群体是多样而复杂的，而在小型农村社区，社会群体的划分是简单清晰的。

社会语境是最难把握调研方式的内容之一。设计师们很容易想到可以通过观察来分析社会语境，但说起来容易做起来难。在某一区域所能观察到的人类行为会受到各种因素的影响，除非我们能识别出这些影响因子，否则很难做出正确判断。

　　一些建筑师直接与当地社区互动，并用这种创新的方式推动他们的项目实践和设计进程，以避免误读社会语境。通过与当地社团的合作，建筑师得以了解人们的需求，并将其整合到项目中。

　　在需要遵守当地的规划条例或需要政府提供建设资金时，项目的政治语境就尤为重要。政治语境会间接影响我们对整体语境的理解。例如，在由社区主导的项目中，几乎没有直接证据指向政治语境，但是社区能够参与当地的发展建设，离不开地方、区域或国家层面的政策扶持。反过来，这一点也会影响建筑师与社区的互动方式。发展中国家越来越多地采用合作设计方法，在确定项目范围时，政治语境发挥着重要作用。

　　在理解语境时，一个地方的历史也发挥着关键作用。通过建筑的积聚和城市、城镇或乡村的不同构成模式，历史元素变得有形且可视。此时，建筑师可以在设计中参考传统建筑（乡土建筑）形式或使用历史建筑的规范性语言。

　　尽管时代更迭，在许多城市的居住区中，仍能看到历史演变的痕迹。例如，伦敦的牛奶街、木头街、五金街和面包街彼此仅隔几步之遥。"街如其名"，这些街道都曾是买卖相应物品的场所，是齐普赛市场（Cheapside Market）的一部分（"cheap"来自古英语"ceapan"，古意为"购买"），尽管这一市场近几年不再活跃，但沿用至今的街道名称留存了当地的历史。

　　理论语境也可以为项目提供信息。建筑师会使用一套特定的理论来指导和塑造他们思考建筑的方式。有些建筑师认为这是他们工作中非常重要的一个方面，会在每个项目中以不同的方式探索这些理论。例如，扎哈·哈迪德建筑事务所的合伙人帕特里克·舒马赫是参数化设计的忠实拥护者，他认为，参数化设计与先前的理论和风格全然不同：

← 场地的历史语境可能会影响建筑的设计方法。彼得·艾森曼的韦克斯纳视觉艺术中心就是在致敬原场地一栋被拆除了很久的军械库建筑。采用这种设计方法，新建筑揭示了历史语境。**韦克斯纳视觉艺术中心**（美国俄亥俄州哥伦布市，彼得·艾森曼建筑事务所，1989 年）

➔+↘ 一些建筑师在工作中不断探索理论思想，扎哈·哈迪德建筑事务所利用项目研究参数化理论。在盖达尔·阿利耶夫文化中心的设计中，建筑师使用最先进的编程技术创建几何图形，从而生成建筑形式。**盖达尔·阿利耶夫文化中心建筑外围护的立面、剖面和地形学分析**（阿塞拜疆巴库，扎哈·哈迪德建筑事务所，2013 年）

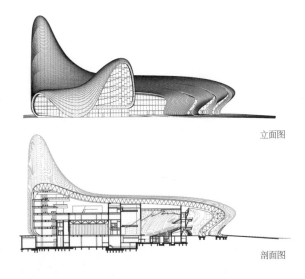

立面图

剖面图

"现代主义建立在空间概念的基础上。参数化负责区分场域。事实上，场域是饱和的，仿佛被流动的介质填满……当代建筑旨在遵循新的逻辑——场域逻辑，并利用这种逻辑构建、传达当代社会新层次的活力和复杂性。"

因此，在舒马赫探索设计构思并研究决定建筑形式的算法和处理过程时，一套基本理论发挥着作用。在整个设计过程中，这一理论立场将影响并衍生出他的决策。

记录语境

我们必须形成采集和记录语境的方法，以便在整个设计过程中进一步利用语境信息。地图和测量所提供的有关物质语境的信息，很可能会直接影响方案的走向。例如，地质标线、地下综合管廊（水管、下水道等）以及建设规范所要求的后退距离等，都会在一定程度上限

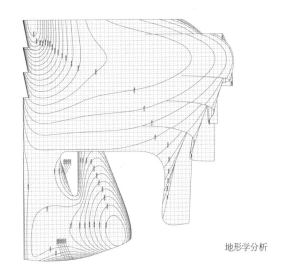

地形学分析

制场地的开发。通过数字化途径获取此类信息变得越来越普遍。因此，数字图像信息可以作为 CAD 和 3D 建模软件中的参考图，整合到设计工作的流程中。

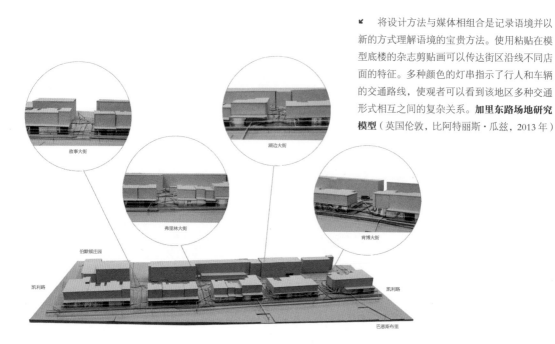

将设计方法与媒体相组合是记录语境并以新的方式理解语境的宝贵方法。使用粘贴在模型底楼的杂志剪贴画可以传达街区沿线不同店面的特征。多种颜色的灯串指示了行人和车辆的交通路线，使观者可以看到该地区多种交通形式相互之间的复杂关系。**加里东路场地研究模型**（英国伦敦，比阿特丽斯·瓜兹，2013 年）

故事大街

湖边大街

弗里林大街

肯博大街

伯默顿庄园

凯利路

凯利路

巴恩斯布里

非物质语境需要用其他方法来记录。历史信息可以简单地以文本形式记录，但这并不是将语境信息整合到项目中的最有效的方法。还有一种方法是绘制出具有历史意义的事件的位置，这样可以将历史信息放在物质语境中进行检阅。

寻找记录政治语境或社会语境的方法更有难度，因为没有标准的路径来"映射"与特定场所或建筑相关的政治体系或社会结构，这也使建筑师可以灵活地探索不同的记录方法。例如，我们可以采用拼贴的方式，将图像与文本组合在一起，来反映我们对某个地区社会语境的理解。我们也可以录制一段该地区一定时期内的视频，来了解当地的社会互动。这种工作可以反映一个地区的整体感觉，转而影响我们对其他语境的调研方法。

分析语境

记录语境只是起点，我们还需要了解该语境所传达的场地信息。除了物质语境，我们收集到的许多信息都不是显而易见的，而是需要进一步解读的，这正是挑战所在。

分析语境的工作不需要与设计活动分开。因为设计本身也是一个研究的过程，在推进设计方案时，建筑师会对语境进行思考和质疑，也就是对语境展开分析。例如，将观察结果转化为符号模型，就能在场地的三维空间中审阅社会语境，建筑师以此来探索支持或加强现有社会结构的机会。

在分析和理解语境的过程中，让使用者或客户等项目利益相关者参与进来，可以增进设计师对项目的理解。在某些领域，这些人可能比设计师了解得更多。允许他们批评设计师对语境的解读，能为聚焦、阐明和界定语境提供更多的信息。将他们的批评整合到设计中，可以使方案更贴近使用者或其他相关人员的生活。

工作日早晨   工作日傍晚   周末早晨   周末傍晚

↑ 通过测绘伦敦佩卡姆不同空间的主要用途，安妮·贝拉米掌握了人们在一天中的不同时间段对同一场地的使用方式。这使她得以制定一项设计策略——通过她的项目，能够使人们意识到社会互动的潜在力量。**使用者分析**（安妮·贝拉米，2013 年）

● 上下班人流
● 母亲和孩子
● 青年人
● 中产阶级/专业人士
● 闲散人士

↘ 新型养老院设计方案分析了现有老年人住房，调查了使用者的体质、社交和个人背景，并将这些信息转变为强大的设计动力。**使用者分析**（莉莉·帕帕多普洛斯，2013 年）

空间需求

就像客户和使用者有个人需求一样，项目本身也有空间需求。项目的空间需求一般由基地情况、规划限制或客户提供的项目简介所决定，也和建筑的内部空间以及场地的周边环境有关。探索和回应这些空间需求，可以生成建筑形式。建筑师的目标是明确定义不同类型的空间需求，并清晰理解它们彼此之间或与环境之间的关系。

项目的空间需求可以通过多种方法来确定。有些是显而易见的，而有些只有通过研究才能揭示。例如，一座大型办公楼的空间需求包括大厅或接待区、交通核心（包含电梯和楼梯）与设备间等。这些功能空间可能看起来很普通，但是这些功能空间的设计会对用户与建筑之间的互动产生深远影响。

城市或场地的空间关系

城市或场地的空间关系往往源于对物质语境的探索。建筑师以各种方式利用物质语境的信息，形成自己建筑的位置、大小或形式的设计构想。有些人使用图形化的方法，利用草图来深化方案，协调建筑与其周边语境的关系。有些人根据现有建筑布局所产生的"场域线"来展开讨论，例如道路模式、行人路线、"期望路线"等。这些线条提供了一种通过草图或模型快速探索潜在空间关系的方法。同样，研究场地周围的开放空间可以帮助建筑师考量如何在设计方案中确定建筑方位，以最大限度地利用开放空间。

场地分析

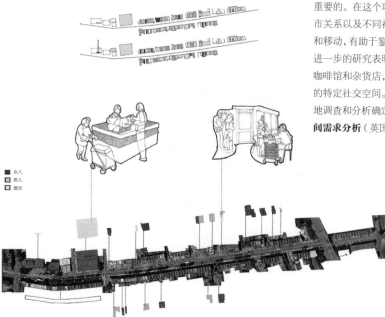

↙+→ 每个场地都有一系列独有的特征，无论是物质的、社会的、政治的还是文化的。理解这些特征之间的关系对于确保设计服务于社区是至关重要的。在这个项目中，描绘空间和人之间的城市关系以及不同社会群体在不同区域之间的聚集和移动，有助于鉴别伦敦商业街女性空间的缺乏。进一步的研究表明，有些"隐蔽"的地方，包括咖啡馆和杂货店，已经成为年轻母亲和老年妇女的特定社交空间。特定社会群体的需求是通过场地调查和分析确定的。**4x1 卡诺斯蒂社区中心空间需求分析**（英国伦敦，爱丽丝·迈尔，2015 年）

■ 女人
□ 男人
□ 混合

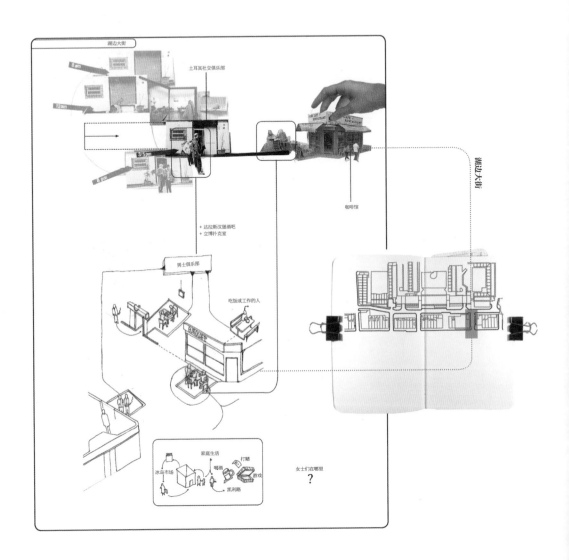

　　这样的设计活动通常将方案早期阶段的概念命题与视觉分析相结合，一个强大的概念会进一步影响场地关系。在这个阶段，建筑师首先要确定方案的物理特征（给出一个有关建筑形状、体量、位置的概念等）。这项工作基础性很强，对项目的发展至关重要，因为它列出了物质性和空间性的原则，这些原则将指导下一阶段的设计工作。

↓+→ 伦敦政治经济学院苏瑞福学生中心的设计图看起来很有趣，对不同区域的个性化描绘揭示了空间的功能和关系。在其中一幅图中，建筑的大部分被移除，展现了内部的交通空间和视觉联系。在另一幅图中，建筑被分为"表皮"、楼层和公共空间，帮助我们了解建筑中不同"分区"的用途和特点。**伦敦政治经济学院苏瑞福学生中心**（英国伦敦，奥唐奈＋托米建筑事务所，2013 年）

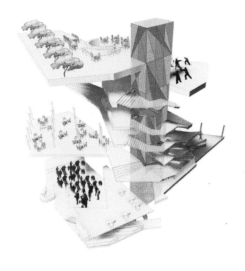

空间和项目大纲的关系

　　确定空间需求要参考建筑的"项目大纲"：建筑的预期功能，以及对建筑内部可能发生的特定行为活动的全面考量。例如，学校的项目大纲可能包括教、学、娱乐（或体育活动）、餐饮和办公，每个类型的活动都需要特定类型的空间。此外，这些活动之间如何关联对于整个项目（学校）的有效运作至关重要。

　　在处理项目大纲中不同的功能元素及其空间关系时，设计师必须考虑它们各自的空间需求、彼此的邻近性以及如何实现空间共享。种种关系会成为设计的限制条件，以确保项目实现其应有的功能，鼓励创造多功能空间或共享空间。以学

校为例，拉近学习空间和娱乐空间的关系也许能够促进学生"主动学习"。

　　"气泡图"是定义空间关系的常用方法，它非常简单，无须考虑尺度或形式。共享功能、物理连接或视野景观都可以产生空间关系。如果有标准的房间尺寸，一些建筑师可能会裁切出几片纸（按房间尺寸等比例缩放），然后尝试以不同的方式排列，来发展空间关系。无论使用哪种方法，建筑师的目标都是创建元素的连贯排列，以回应建筑的整体功能。

　　项目大纲式的空间描述容易忽略三维关系。因此，建筑师必须进行三维的"思考"，或者利用模型探索垂直方向上的空间关系。建筑师可以使用 3D 气泡图，但它们通常令人困惑。许多设计师发现，空间关系可以"落地"在单一的楼层上，只要在空间"落地"的过程中，牢记它们垂直连接的可能性。

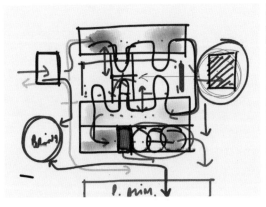

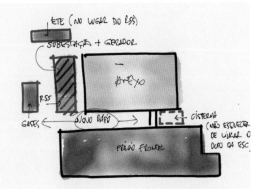

这一阶段的设计成果通常不会呈现给客户或使用者。空间关系和邻近性研究将为设计的后续阶段提供帮助。

"最终版"项目简介

永远不要假设有一个"最终版"的项目简介。随着各个设计阶段的推进，项目简介将会发生变化或转移（尽管在设计过程中，更多的设计细节被一步步敲定，而发生变化的机会也随之减少）。提前考虑到这些潜在的调整非常重要，因为随着设计的发展，必然会出现新的信息，造成项目简介的改变。

在工程实践中会出现这样的情况：客户需要在项目简介上签字，或者正式认可项目的目标（如项目简介中定义的那样），而建筑师所要做的就是去完成它。这么做的原因是，客户对项目简介的重大更改会耗费大量金钱，增加额外的工作，还会造成工程进度的延迟。

无论对于工程实践还是理论研究，项目简介都是确定项目目标的关键。在设计过程中，它可以作为一个检查清单，以确保方案能够满足客户或用户的明确需求，也可以作为一个"提纲"，来指示建筑师需要完成的任务。

↖+↑ 在设计形式之前，先通过简单的图表探索空间关系和交通流线是很有用的。这张 iPad 草图展示了一家拟建医院一楼的交通流线。快速地勾画草图使建筑师可以与客户积极地讨论解决方案，绘图软件还能将各种方案存储下来，以供后期参考。**医院研究**（巴西贝伦，若阿金·梅拉 /m2p 建筑事务所，2014 年）

↓ 建筑师通常使用"气泡图"来排布和检查空间关系。在公共卫生中心的设计初期，关善明建筑师事务所使用了不同大小的圆圈来探讨空间的相对规模以及它们之间的联系。这样做的目的不是为了发展形式，而是为了理解各个空间之间的相互关联。**气泡图**（泰晤士河畔社区医疗中心，英国伦敦，关善明建筑师事务所，2015 年）

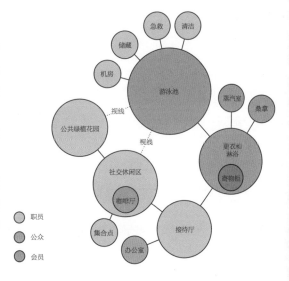

第六章

设计过程的推进

设计是一种高度活跃的行为，也是一个反复迭代的过程—— 一次次地重复可以推动想法向前发展。从概念图、草图（草模）到更精细的图纸，再到计算机可视化模型、技术图纸和原型，设计过程中会产生许多不同类型的作品。每件作品都是设计师完善构思的工具和付诸实践的物质条件。

想法和概念似乎"不可名状"，很难表述清楚，其意义也会因项目环境变化而变化。在整个设计过程中，设计师都会反复地思考如何在物理空间中展现设计理念。即使纯粹用于理论研究、不打算建造的项目，也会尽量在图纸或模型上展现建筑师的想法和概念。通过回顾和修改，可以检查是否还存在满足需求或解决问题的不同方法，还可以判断对形式的修改是否会影响空间的功能和建筑物的内涵。

每位设计师都有自己习惯使用的设计流程和辅助工具。正如第三章提到的，我们可以用多种方式来理解、量化和构建设计过程的不同阶段。无论设计师或建筑师选择何种方式，只有在设计工作真正开始时，才能形成设计过程和设计概念。

←+↓　设计贯穿每个阶段。对于莫斯格博物馆，珍贵的文化展品需要特殊的环境，而项目预算却十分有限，因此必须实现两者的平衡。**莫斯格博物馆**（丹麦奥尔胡斯，亨宁·拉森建筑事务所，2013 年）

概念设计

最初的图纸

第二章曾提到，开发设计方案的方法有很多种。无论是从特定的概念还是从其他角度出发，总会有一个最初的设想，将我们对项目简介和项目语境的初步回应整合在一起。这一阶段的图纸和模型非常流畅，便于修改和调整。概念设计的目的是建立方案的起点，并大致确定项目中的参数。在此阶段，设计师可能很少关注场地限制，相反，他们会对具体的构思展开探索，并研究如何将这些想法结合起来，以回应非物理语境。

从概念出发探索视觉创意最有效的方法是草图，草图可以快速生成视觉形象并评估创意的发展潜力。新手可能会浪费大把时间去纠结草图

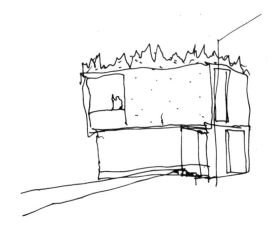

↓+↗   项目最初的草图会将设计初期的概念或创意放入场地环境中，用于确定总体方向。阿普尔顿·韦纳建筑事务所用简洁的草图将住宅扩建项目的初步设想从总体轮廓推进到详细视图中。这样的草图可以快速探索设计概念，还能与他人共同探讨项目的发展方向。**花园住宅**（英国萨福克郡，阿普尔顿·韦纳建筑事务所，2013 年）

的质量（是否精美），其实大可不必。只要绘制草图的人理解自己的作品，并能透过草图探索设计的内涵，那么无论草图多么简单或多快完成都无所谓。草图本是设计师的创作工具，而非供人品阅的作品集。

设计师的初稿各不相同。有人侧重表现形式，而有人侧重展现具体细节或空间关系。例如，如果场地位于人口稠密的城市，设计师可以绘制城市格局草图，来探索视线、活动、景色等因素，划定大致的建设范围。设计师会反复推敲最初的设想，直到发现解决方案办法——找到一个关键点，在此关键点上，设计师可以进一步深化设计。

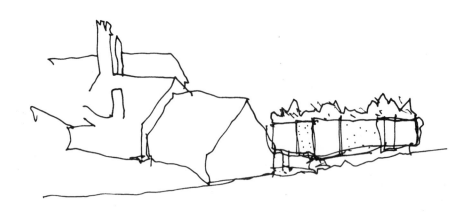

↑ 从概念草图到建筑竣工，设计师们常常审视自己的作品，反思并指出自己作品的不足，以进一步理解设计过程。**莫斯格博物馆**（丹麦奥尔胡斯，亨宁·拉森建筑事务所，2013 年）

↗+↓+↘ 基于项目的特性，最初的图纸能为日后的设计工作定义一些参数或"规则"。对于伦敦西区的一个大型场地，伍兹·贝格建筑事务所使用早期草图定义了一套原则，设置了空间策略、立面和整体形态的参数。通过这些草图，设计团队可以快速交流策略，指导整个设计过程。**空间研究、立面研究和体量研究**（莱斯特广场大厦，英国伦敦，伍兹·贝格建筑事务所，2012 年）

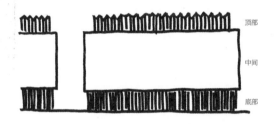

立面研究

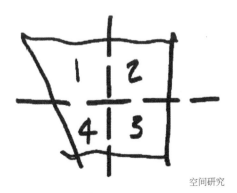

空间研究

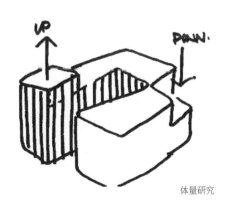

体量研究

模型

作为设计工具，模型提供了多种试验机会。用卡片很快搭建的"草模"可以用来迅速探索三维视角下的场地环境、建筑体量和设计概念。随着构思的深入，这些模型可随意更改和调整。记录模型的变化类似于保留草图本，便于设计师回顾设计进程、反思不断变化的想法。对于学生而言，模型制作是进行试验和完善方案的关键技能。

设计师可以利用概念模型探讨项目的基本理念，搜集各种信息和构思，形成一个主题。搭建一个用于展现物质语境相关概念的模型，设计师可以探索如何在场地中展现概念。同样，搭建非物质语境的模型（使抽象事物具象化），使设计师能够在全新的立体层面上观察语境，进而为设计师提供新的设计机会。

模型既是进一步深化设计的基础，也是设计过程中的重要目标。无论是准备作品集还是创建可以整合到其他作品中的图像，模型都是一种交流建筑信息的有效途径，它并不是建筑的"微缩版本"。因此，在筹备和制作模型时应考虑其交流方式。模型是做什么用的？它想要传达什么？建筑的某些元素可能会被排除在模型之外，因为它们会阻碍概念或想法的交流。

草模

一些建筑师会从模型（而非图纸）入手展开设计，或将两者一起使用。模型会提供一种即时启发三维空间灵感的方法。检查场地现状和限制条件能立即确定项目的某些物理参数，基于这些物理限制条件的建模有时被称为"体块"。这样的模型界定了建筑的外围护结构。最终的设计

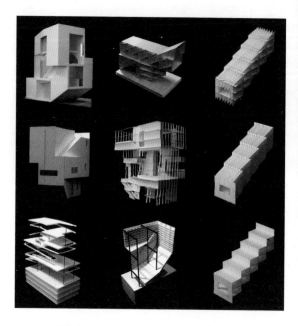

↑　Zago 建筑事务所通过在设计过程的各个阶段使用不同类型的草图模型，来深化概念、探索空间的布局与关系，以及建筑的结构和形式。**休伦楼**（美国密歇根州，Zago 建筑事务所，2008 年）

可能与体块模型有很大出入，但基本上能够符合最初的外围护结构。

随着数字工具在建筑建模领域越来越多地应用，使用计算机创建最初的模型变得十分常见。设计师既可以通过传统方法（卡片、泡沫板等）也可以通过 3D 打印或激光切割来制作实体模型。

用于快速生成数字化"草模"的工具，如 SketchUp 等软件，彻底改变了计算机的建模方式。与传统的、更复杂的建模程序相比，它们可以在更接近手绘的过程中创建简洁的体块模型，而且使用界面几乎不涉及专业知识。

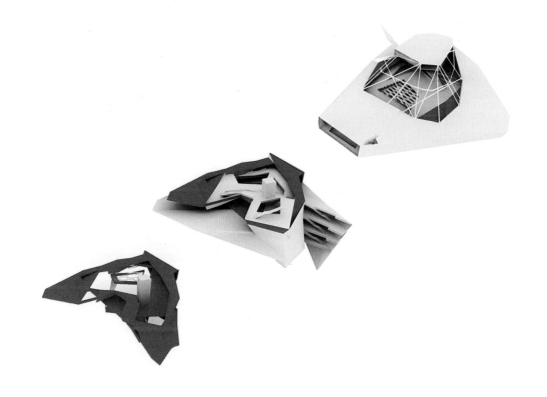

↑　3D 软件使设计师能够在设计过程的早期阶段搭建精确的数字化研究模型，该模型可在 CAD 或 BIM 中进一步深化。这些模型展现了从室内交通流线到画廊空间布局，再到建筑外围护结构的深化过程。从最初的数字化草模到最终的可视化图像，模型被不断地深化和完善。**波兰历史博物馆竞赛模型**（波兰华沙，岩本司各特建筑事务所，2009 年）

→　数字化制造工具（如激光切割机和 3D 打印机）成本的降低意味着从 3D 软件到实体模型的工作流程变得既简单又便宜。由数字技术和传统技术共同完成的研究模型，说明了通过组合这些过程可以生成新的材料和形式。**《我的大都市》研究模型**（安德鲁·塞兹，2013 年）

概念模型

初始模型本质上是概念性的，为了探索项目背后的想法，而不是确定物理参数。这样的模型似乎更像是艺术品而不是建设方案。它们是概念变为现实的一种方法，用于定义和完善概念变成具体方案的途径。

概念模型像概念性项目一样，并不旨在完成特定的建设方案。相反，它们可能是建筑师开展研究的一种形式，或者是为了激发观看者关于建筑和空间的具体思路。

模型制作

模型贯穿整个设计过程，其制作方法会受到不同设计阶段和使用意图的影响。例如，在设计过程的早期阶段，采用卡片或纸板来制作模型，这样的模型制作简便、修改迅捷。设计过程的后期，需要借助模型来探索材质和细节，此时的模型可能会用到多种材质，制作上也更为精良。

在设计过程的不同阶段，模型的尺度也各不相同。相较于使用多种材料并试图表现材质肌理和细节的模型，由卡片制成的草模可能会采用更小的尺度。

近年来，用于制作模型的工具快速发展。尽管在模型工作室中，解剖刀、直刃刀、锯子和砂纸等主要工具仍随处可见，但数字技术的使用率却迅速提高。如今，无论是在学校还是工作室，都可以看到通过激光切割、3D 打印与传统方法相结合而制成的模型。激光切割或 3D 打印技术无法加快制作过程，但可以提高制作精度，有时还可以创造出原本难以生成的形式。特别是将 3D 打印技术与计算机建模软件相结合，仿佛可以将计算机中的形态直接输出成实体模型。

↤　用卡片或拼贴图这类方法制作的初始概念模型几乎没有空间特征，其目的是向人们展示项目的基本思想，或提出项目试图解决的问题。**"爱丽丝的兔子洞"概念模型**（达鲁妮·特德通塔维德，2012 年）

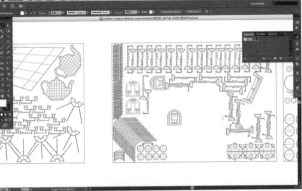

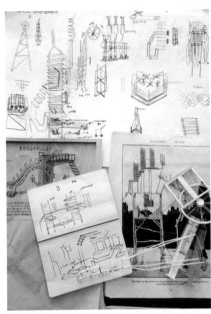

↑+↗↗+↗+→　为了有效地交流概念，必须对模型进行规划和设计。模型制作要准备的资料包括草图、CAD 图和测试模型，这些资料使设计师可以针对一个项目创建出不同的迭代形式。伦敦东部的达尔斯顿车站模型十分复杂，该模型由激光切割的卡片、拼贴图和电线组成，传达了设计概念和语境信息。激光切割的图纸采用 CAD 制作，以确保精准并最大程度地节省材料。激光切割图案中的不同颜色与蚀刻或切割的不同深度有关。最后，创建模型和拍摄模型不仅可以记录设计过程，也可以将模型信息用在其他展示方式中。**达尔斯顿纺织厂改造项目的模型制作过程**（英国伦敦，塞尔汉·艾哈迈德·塔克巴斯，2015 年）

概念设计的展示

　　在介绍概念设计时，建筑师必须确保观众能够理解概念和方案的不同。客户可能认为设计师是想采用某种建筑形式，其实设计师只是想表达一个可以在后期深化的设计构思。为避免这种误区，需要谨慎考虑用于展示的作品类型。较为粗糙的模型，如初始阶段的草图、卡纸制成的"研究"模型和拼贴图等作品，非常适合传达有关语境和设计的初始概念。这类作品通常限制较少，为观众对项目的解读和想象提供了充足空间。计算机模型和效果图通常过于精准，会掩盖项目初期的实际状态。

　　在概念设计阶段，对客户或用户的展示应该专注于传达项目的基本理念——无论是概念性的还是有关体量或形式的，其目的是让观众理解建筑师解决问题的过程。为客户或用户提供理解建筑师工作方式的机会，能够使设计进程更为顺利，因为在接下来的进展中，观众可以很容易理解深化后的设计与初始概念之间的关系。

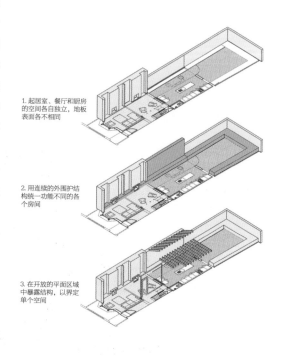

1. 起居室、餐厅和厨房的空间各自独立，地板表面各不相同

2. 用连续的外围护结构统一功能不同的各个房间

3. 在开放的平面区域中暴露结构，以界定单个空间

↑　概念设计的构思可以通过多种方式呈现，其目的不是为了展示细节，而是为了传达整体思想。在这个小型住宅扩建项目中，马斯塔德建筑事务所使用简单的轴测图解释了其概念设计方法的关键点。**RAW House**（英国伦敦，马斯塔德建筑事务所，2014 年）

←　一些建筑师将概念建于抽象想法之上，再通过形简意赅的草图传达，可达到非常好的沟通效果。丹尼尔·里伯斯金只是草草几笔就勾勒出了帝国战争博物馆北馆的概念草图，它可以快速展现设计中的各个"碎片"。**帝国战争博物馆北馆概念草图**（英国曼彻斯特，丹尼尔·里伯斯金，2001 年）

概念深化

　　随着研究和概念性设计工作的推进，越来越多的信息融入了对环境和空间需求的理解，最初的概念设计将更具针对性。这个阶段的成果（图纸和模型等）更精致，并开始表现出具体特征。

　　在此阶段，建筑师致力于梳理和完善他们的构思，并将其转化为方案。前面的设计阶段侧重于新想法的产生，而这一阶段旨在使这些想法更接近最终方案。这并不意味着事情将要一成不变，而是意味着对于值得推进的构思进行更深的探讨和更详细的展示。

从草图到图纸

　　概念深化阶段的成果会逐渐从松散随意的草图过渡到描述性和真实性更强的图纸。在生成图纸之前，快速地生成和表达设计构思非常重要，设计师需要采用合适的技术或方法来制作模型或绘制草图，以便讨论、评估和修改设计。

　　在这一阶段，设计师需要带着更强的尺度感投入工作。精确的场地总平面图可以确保总体方案能够满足场地限制条件。此时，设计团队中的结构工程师可能会提出一些结构上的想法，与设计方案相整合。这些约束不会限制潜在的设计可能，正是因为有了这些约束，建筑师的想法才能最终得以实现。

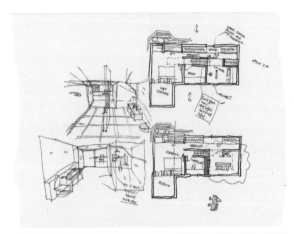

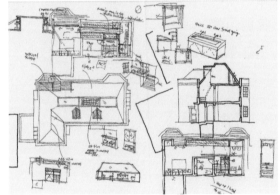

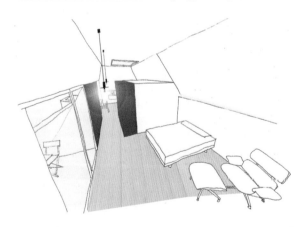

↑↑+↑　对于此项目，西蒙·阿斯特里奇尝试了许多不同的想法，从最初的草图到更明确的展示图纸。他通过草图设想并探讨了几种空间布局。一旦找到较为清晰的解决方案，就可以着手制作展示材质、饰面和空间特征的图纸了。**奥塞特露台**（英国伦敦，西蒙·阿斯特里奇建筑工作室，2013 年）

从体量到体验

概念深化阶段的模型包含更多细节，也更为精准。随着空间和规划关系的推进，基本概念也得以确定，此时，建筑师可以使用特定的模型来将设计具体化。无论是研究特定的立面元素、房间布局、特殊用户的 3D 体验或视野，还是用于推进形式的演变，都可以利用模型的深化来考量不同的特性。

万物皆可变

我们必须一再提醒自己，迭代是设计过程的本质。设计师可能随时需要重复设计过程的某一阶段或返回之前的阶段。对于设计方案的不断完善，迭代至关重要：只有通过某些设计过程的不断反复才能全方位地验证设计方案的可行性。

设计过程后期的成果可能会对设计过程初期的决策提出质疑。例如，在深化概念时，设计师可能会怀疑自己早期的空间设定和布局策略。在精炼设计构思时，设计师可能会发现可以挑战前期制定的空间关系的机会。为了提升方案的成功率，我们必须回到分析空间需求的阶段，探索已经发生的变化是如何影响我们关于空间和布局的初始概念的。看起来，迭代似乎会减慢方案深化的过程，但事实上，对项目非常熟悉的设计团队行动便捷、反应迅速，他们可以在设计过程的不同阶段自由移动。对于设计师来说，愿意让设计过程变得非线性、发散拓展、返回和重复，并总是试图改善设计的每个细节，是非常重要的职业素养。

在概念深化阶段，模型会变得更为细致和特殊。在设计新火车站的过程中，RTKL 建筑事务所使用简单的模型研究平台与大厅、现有建筑与新建建筑，以及结构布局与服务功能之间的关系。随着项目从概念深入到细节，设计团队可以利用该模型（尽管简单）探索一些关键问题。**普林西比皮奥车站**（西班牙马德里，RTKL 建筑事务所，2005 年）

即时生态工厂的设计师将模型、照片和绘图组合在一起来探索方案。采用这种方法使他可以在同一基本模型上发散出多种设计思路。用于深化的图纸也可以作为设计师交流项目进展的材料。**即时生态工厂的图纸深化**（威廉·史密斯，2012 年）

设计深化

　　在专业实践中，客户往往需要批准或签署一个指明单一设计方向的文件。然后，设计师会以此文件为根据，进一步完善文件中提到的设计方向，推动该设计向前发展，从而成为一个完全可行的方案——这一过程就是设计深化。

　　设计深化阶段需要进行大量工作才能使设计方案进入"真实"状态。此阶段的大部分工作是尺度性的，概念性或草图性的工作较少。为了确保成员合作时协调一致，设计团队开始更多地使用计算机。此时，结构工程师和设备工程师会参与进来。项目的结构需求可能会造成空间关系或建筑形态的改变，从而使设计过程返回到前几个阶段，并反复调整，直到结构、功能和形式融为一体。

　　在此阶段，设计师要选择建筑材料、固定装置和表面装饰，这些元素一旦确定，项目的美学特征也将随之确定。此时，成本因素成为关键因素。与结构和设备一样，成本对设计过程有着相当大的影响。学生在进行设计时往往不考虑成本，但在专业实践中，项目简介里十有八九会提到成本。对客户来说，成本因素至关重要。为了管理成本并帮助设计师在预算范围内选择合适的材料，通常需要聘请成本顾问（或造价师），特别是对于大型的复杂项目。

　　设计上的"小"元素，如固定装置和配件，不仅会影响项目的视觉效果，还会影响用户的体验。以门把手为例，几乎所有与建筑物接触的人都会接触门把手，它的质感会给用户带来最直接的触觉体验。这样小小的体验很重要，需要在设计中仔细考虑，因为它们会被重复很多次。在选

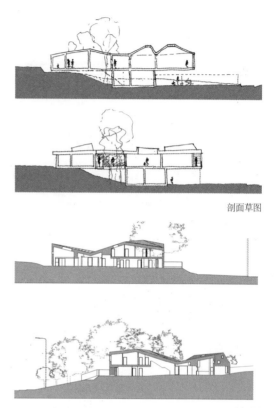

剖面草图

剖面图

　　↑+↗　　尽管推进设计所需的信息越来越具体，设计深化阶段仍然需要用到草图，以快速探索项目的某些方面。儿童日托中心的设计草图和图纸展现了从快速构思到等比还原再到展示效果的全过程。绘图的特异性和准确性在每个阶段都有所提高，使设计师和其他项目相关人员得以更深入地了解项目。**圣安妮儿童日托中心剖面草图、剖面图和效果图**（英国科尔切斯特，DSDHA 建筑事务所，2007 年）

择配件时，设计团队会考察多个备用选项（有时会专门定制），测试每个小部件，以选出体验感最佳，最符合总体设计方向或设计概念的一个。

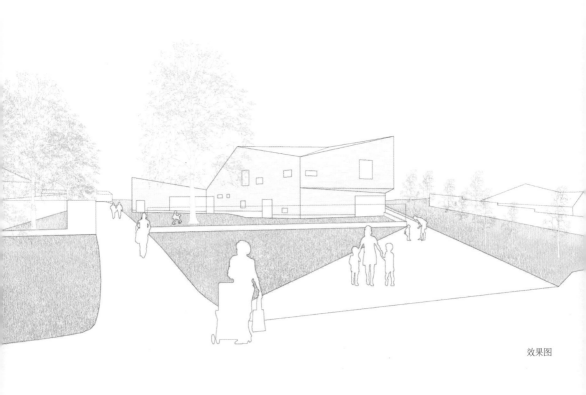

效果图

← 通过研究窗户的模型，探索如何在项目中使用特定的系统、饰面和材料。**窗户研究**（露西·斯塔皮尔顿·史密斯，2014 年）

设计深化的成果

设计深化的目的是使设计朝着详细和特定的方向发展，此阶段的工作成果包含越来越多的具体信息。与前几个阶段相比，表达性和探索性的工作越来越少，便于设计团队在整个项目中协调一致。

这一阶段将有更多的技术信息与设计相结合。这意味着设计师必须采用一种合适的工作方式，可以使特定且精确的技术解决方案与建筑信息相融合。在实践中，设计的大部分工作成果可通过 CAD（或 BIM）制图、草图与模型的组合来制作。经常能看到设计团队成员的电脑屏幕上是精确的图纸，办公桌上是手绘的草图——设计师用草图推敲解决方案，然后立即将成果反馈到计算机上，以检查方案的准确性——这两步需要来回转换。

CAD（或 BIM）图纸可以作为正式施工图的基础，在随后的设计阶段进行全面深化。除了选择建筑材料、固定装置等，设计团队还会研究方案的细节：元素之间的衔接、材料之间的相关性以及关乎设计感和建筑质量的其他方面。

大型项目可能还需要制作展示模型或效果图，这些可视化设计成果能够为规划申请、公共咨询和一些与客户相关的活动（如广告或销售）提供资料。初期的模型和图纸旨在让客户或用户了解设计背后的基本思想，而这一阶段则旨在表现设计最终的真实模样。

➜ CAD（或 BIM）图纸可以作为设计初期的展示资料，也可以作为施工图深化阶段的基础信息。BIM 模型的简单立面，并未提及任何材料或饰面的细节，但随着项目的推进，设计师将在这一简单立面的基础上不断地丰富和强化该设计。**斯塔弗洛斯·尼阿科斯基金会文化中心游客中心立面图**（希腊雅典，阿吉斯·莫雷拉托斯、斯皮罗斯·约塔基斯，2013 年）

➜ 设计深化阶段逼真的渲染模型或可视化效果图可以用于设计竞赛、公众咨询或商业推广。可视化效果图在传达设计愿景、获得项目委任方面发挥了关键作用。**赫尔辛基中心图书馆**（芬兰赫尔辛基，ALA 建筑事务所，2013 年）

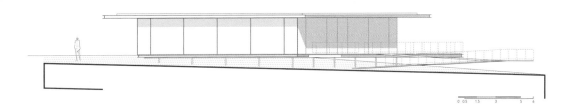

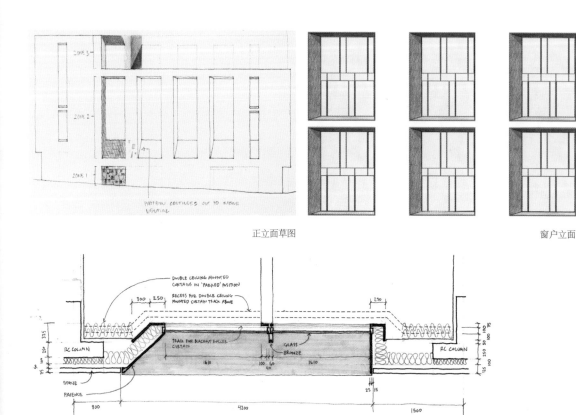

正立面草图 　　　　　　　　　　　　　　　　　　窗户立面

彩陶细部草图

细部设计

随着项目发展，有关整体概念的"宏观"问题已经解决，设计师开始考虑"微观"问题（方案细节）。尽管之前的阶段也做了一些细节性工作，但在这一阶段，细节才是设计师的首要关注点。

除了方案的可见细节，设计团队还需要考虑技术细节。无论是结构元素之间的衔接、设备系统与建筑体系的整合还是客户定制元素的设计，这一阶段需要尽可能多地解决问题，以便顺利开展后续工作。

细部设计可能会和先前的设计产生一些矛盾。但随着项目的进展，问题会逐渐减少。就算再出现矛盾，应该也是小得几乎可以忽略不计，能够毫无困难地应对。

↜　在细部设计过程中，建筑师可以在草图、细节和模型之间反复切换，来设定精美的细部。伍兹·贝格建筑事务所采用多种方法探索商业建筑的窗户细节和处理手法。每个设定的信息都会迅速变得详细具体，从而可以将其他因素（成本、供应商和施工时间）纳入考量。**莱斯特广场大厦正立面草图、彩陶细部草图和窗户立面**（英国伦敦，伍兹·贝格建筑事务所，2014 年）

　　这一阶段，许多工作的技术含量都会提高，因此设计成果与技术图纸相似。一旦涉及技术问题，设计师的容差范围会很小。随着项目推进，设计师开始将设计图转化为可用于实际建造的施工图。此时的设计图纸越精确，就能为以后的工作节省越多的时间。

原型和实物模型

　　这一阶段将继续使用 3D 模型来快速检查设计方案，也会用其他种类的模型来协助探索细节、材料和技术解决方案。

　　原型是一种最大限度地接近最终设计（在形式和材料等方面）的模型，以便进行全方位测试。在建筑中，能够完全原型化的部分是受限的：对建筑进行大规模的原型设计显然不可行，但针对各个元素是可以制作原型的。例如，在许多由客户选定立面的大型建筑中，建筑师和工程师会与特定制造商合作，利用原型测试项目的外观设计或立面性能，如风荷载、钢索和密封件。随着低成本 3D 打印机的出现，建筑师可以自己制作不同细部的完整模型（如定制玻璃的外墙连接点），以研究外观效果或制定装配细节。

↑↑↑↑　为了测试塞恩斯伯里实验室拟建楼梯的尺度和功效，斯坦顿·威廉姆斯建筑事务所用 MDF（中密度纤维板）和手工工具在办公室中制作了一个足尺实物模型。设计师可以直接体验楼梯逐渐变缓的效果，并用这种与实物同尺寸的原型来研究楼梯细部，而不必完全依赖于图纸或计算机模型。**塞恩斯伯里实验室楼梯足尺实物模型**（英国剑桥，斯坦顿·威廉姆斯建筑事务所，2010 年）

　　设计团队还可以利用足尺实物模型来测试设计元素。足尺实物模型由硬纸板、泡沫板或胶合板制成，帮助设计师探索比例、尺寸、外观或性能。

　　无论是通过图纸、模型、实物模型还是原型，在细部设计阶段，设计团队都要努力解决尽可能多的问题，使项目质量更上一层楼，以便后续阶段可以加快进度。

◤+↑　　在大型项目中可以指定承包商或建造商来搭建立面实物模型，以测试外观效果和设计的技术可行性。赫尔佐格和德梅隆建筑事务所在新展览馆的实物模型中模拟了错综复杂的立面设计，以便建筑师预估雨水如何流经建筑表层，以及风如何在多个不同大小和方向的开口之间穿梭。测试这些要素对于确保最终成果能够按照预期运行非常重要。**巴塞尔新展览馆立面测试及建成效果**（瑞士巴塞尔，赫尔佐格和德梅隆建筑事务所，2013 年）

施工设计

当项目进入"施工信息"（工程图或施工图）阶段，设计也并未停止。这个阶段需要解决细部技术问题，并开始筹备用于建筑和施工的信息。

在某些项目中，此阶段的工作可以由另一个团队来做。被称为 CAD 工程师或技术建筑师的专业人员将设计信息转化为施工信息。这些专业人员在施工方面具备丰富的实践经验。设计团队的图纸展现了设计的总体布局、尺寸、形状和材料等诸多方面，技术团队绘制的施工图阐明了设计内容的建设或装配方式。

尽管此阶段的设计工作主要是技术性或施工性的，但仍然存在变更的可能。在绘制施工图的过程中可能会浮现出一些问题，导致最初的设计想法无法实现。在这种情况下，技术团队（与设计团队合作）会试图从技术层面寻找可行的解决方案。

↗+→ 在施工设计（或技术设计）过程中，团队的目标是在一定范围内使项目更明朗，其中某些工作可能是后续施工信息的基础。作为一栋多功能地方政府建筑，潘克拉斯广场 5 号在技术设计上投入了大量工作以改善建筑的环境性能。功夫不负有心人，该建筑获得了英国建筑研究院环境评估方法（BREEAM）公共建筑类的最高分。**潘克拉斯广场 5 号**（英国伦敦，本内茨建筑事务所，2014 年）

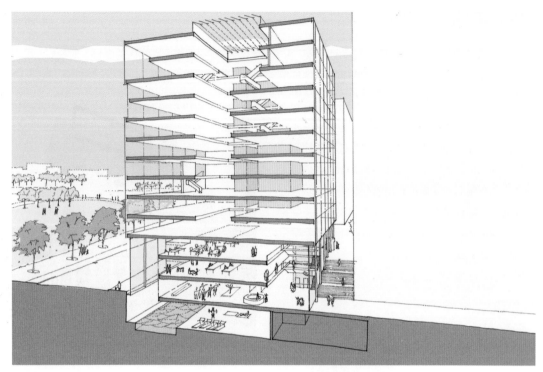

剖面图

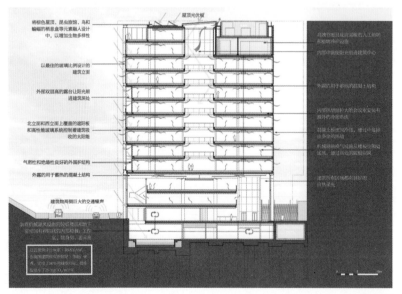

环境分析图

148

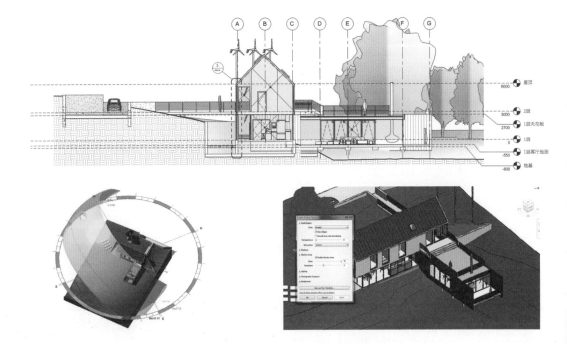

施工信息

此阶段的图纸具有显著的技术性。如今几乎所有项目都使用计算机生成施工图，但无论采用手绘还是 CAD（或 BIM）制图，其绘制图纸的目的都是相同的。

为了准确地传达施工信息，需要认真规划施工图的绘制。图纸本身也是经过"精心设计的"，例如，应该在建筑的何处切割剖面以显示关键的空间关系和结构细节，或应该以何种比例绘制细部并将其展示在施工图图纸上——设计师需要有意识地做出选择，才能将这些必要的信息如实地向外界传达。

在这一阶段，BIM 的优势显而易见。首先，BIM 创建的是 3D 模型而不是 2D 图纸，这意味着设计师能够轻易截取不同视角的截面和细部，并可以确保相关信息能够被全部显示。其次，当更改模型时，BIM 会同步更新所有工程图并协调相关信息，这是传统 CAD 技术无法实现的。由于模型展示了完整的建筑（包括结构、设备和材料等），因此任何单一方面的修改都可以在整个系统中得到即时测试。

←+↘ 潘克拉斯广场 5 号的剖面图和环境分析图在 BREEAM 中获得了最高分。**潘克拉斯广场 5 号**（英国伦敦，本内茨建筑事务所，2014 年）

↑↑ BIM 正在革新设计信息转化为施工信息的途径。该软件将 3D 模型制作与施工图信息集成在一起，简化了施工图的制作。**立面图**（Revit 软件制作，Autodesk 公司，2015 年）

↖ 应用特定的 BIM 工具，可以在设计过程中更为轻松地应对不断提高的环境需求。如今的软件可以精准地完成模型的地理定位，并进一步测试方案的环境效益。**日照分析图**（Revit 软件制作，Autodesk 公司，2015 年）

↑ BIM 软件的内置可视化功能意味着设计人员可以在开发详细施工信息的同时关注这些细节对项目外观的影响。另外，利用软件内置的输出样式功能，可以创建像手绘草图一样的可视化效果。**剖面渲染图**（Revit 软件制作，Autodesk 公司，2015 年）

149

↓ 大型建筑项目可能需要数年才能完成，在此期间，设计问题会不断出现，且必须在现场解决。上海中心大厦 2008—2015 年的建设过程涉及数千项设计决策。**上海中心大厦**（中国上海，詹斯勒建筑事务所，2015 年）

许多 BIM 软件都具备另一优势，它们将 3D 可视化工具与施工图绘制工具融合在一起。在技术团队研究施工方案时，他们可以同时制作渲染过的效果图（包含技术团队所作的任何更改）并与设计团队展开讨论。

施工过程中的设计

即使是最有才华的建筑师所设计的最为全面的方案，并由经验最丰富的技术团队推敲细部并绘制施工图，也无法在建造之前解决所有的细节或潜在问题。即使项目正在施工，也需要设计师的跟进。

对于复杂的大型项目，建筑师可以与承包商和工程师一同在现场处理事务，解决施工期间出现的任何问题。现场团队将拥有与公司办公室相同的设备和网络访问权。对应用 BIM 而言这些资源必不可少，因为每个人都会参与共享模型的更新和修正。

现场建筑师所需的技能具有多样性和挑战性。解决现场问题需要丰富的施工知识，并对设计的总体目标有着深刻理解，才能使每一处更改都能符合项目的总体愿景。

在施工过程中并非只会出现不会影响整体设计的具体的或技术性的问题。有时，调整结构误差所耗费的成本（无论是时间还是金钱）太大，难以实现，就只能适当地调整设计。客户可能会为了避免延误工期而选择修改设计，承包商可能会要求调整方案，以弥补由于恶劣天气或中断供应而耽误的时间。在这种情况下，调整的范围可能很大，甚至会影响用户体验。现场建筑师需要当机立断，以同时确保项目进度和设计的整体质量。在施工阶段，建筑师必须尽快完成方案的调整，以防发生意外，耽误工程进度。

现场建筑师的一项关键技能是在较短时间内克服压力，找到解决方案。另一项技能是利用设计"排除"问题，而不使问题复杂化。在解决问题时，想要找出一种可以满足所有要求的方案似乎非常容易，但如果不够谨慎，该方案可能会制造出更多问题。例如，假设图纸上的标注错误导致某一元件的制造尺寸稍长。若在现场移除该元件、重新制造、重新安装，可能会花费太多时间，造成严重延误。显而易见的解决方案是调整连接元件，以便安装稍长的元件。但是，调整连接元件的尺寸可能会影响到正在制造中的其他元件。另一种解决方案是考虑是否可以在现场修改稍长的元件，保持连接元件的原始尺寸。

无论问题的解决方案是什么，施工设计通常都需要在固定的参数范围内进行。随着现场施工进度的推进，调整的机会将越来越少。在需要更改时，现场建筑师必须了解更改设计可能涉及的所有限制条件。

从项目开始到施工完成，设计工作从未止步。随着项目的推进，设计的性质也一直变化。对于许多建筑师来说，设计过程的最后一个阶段是对整个流程的总结与反思（从最初的草图到完工的建筑），从中吸取经验，不断进步。

↑ 有时，施工是设计过程的关键部分。MAMOTH+BC 建筑事务所与当地建筑商和工匠密切合作，进行幼儿园的建筑设计、选材与施工。**阿克奈比奋教育基地**（摩洛哥非斯，MAMOTH+BC 建筑事务所，2013 年）

第七章

完整的设计过程

制定项目简介

建筑项目是对场地和语境的回应，与对空间和体验的物质创新的复杂结合。为了取得成功，建筑团队必须协调各种各样的输入（包括团队内部成员、咨询顾问和项目利益相关者）。项目越复杂，设计过程可能也就越复杂，需要深入的研究和分析。

本章我们将从头到尾完整地研究一个项目（新艾德菲大楼），探索设计过程。我们还会介绍其他项目，强调具体特征或新的方法。通过对设计过程"端到端"的思考，我们将会看到设计是如何渗透到项目各个阶段的。

斯特里德·特里格洛恩建筑事务所涉足住宅、商业、市政和教育等各类建筑的设计。它在英国和阿拉伯联合酋长国设有十个办事处，规模都不大。事务所只有大约 300 名员工，但团队成员们拥有多种技能，因此公司有能力承担不同领域的复杂项目。

2009 年，斯特里德·特里格洛恩建筑事务所受邀参加曼彻斯特索尔福德大学新教学楼的设计竞赛。客户要求建筑师展示设计方案和施工做法，包括初步设计构思。尽管这样的"邀约"也被叫作设计，但却是非常特殊的设计工作。斯特里德·特里格洛恩建筑事务所并不是简单地按照项目简介来完成初步设计和方案展示（因为在这一阶段，项目简介还没有完全确定），而是利用初步设计和方案展示来与客户交流探讨该项目应当如何实施。

尽管以这种方式来"设计"，展示给客户的方案并不能呈现出引人注目、令人叹服的效果，但却让学校对双方的合作充满信心。斯特里德·特里格洛恩建筑事务所获得了该项目的委托。

社会语境

斯特里德·特里格洛恩建筑事务所的早期工作是会见教授、IT 员工、管理者和工作室技术人员等项目利益相关者，了解他们的需求和期望。该大学曾试图为这些部门建一座新的大楼，但中途搁置了计划。因此，许多项目利益相关者有与建筑师磋商的经验，了解应当如何表达需求、达成共识。一些学术人员不仅关心新的建筑，更关心学术结构，他们担心新的空间安排会导致不同学科失去身份特征。

在任何建筑项目中，制定项目简介都是至关重要的。项目简介可以帮助建筑师了解项目的范围和特征，可以帮助客户明确和精炼他们对设计成果的认知与期待。情况复杂时，制定项目简介可能需要很长时间。正如斯特里德·特里格洛恩建筑事务所的乔纳森·海利斯所说："客户对我们非常恼火，因为我们几个月都没有画出一座大楼。"之所以没有提出设计方案，是因为建筑师们正在咨询众多相关人员，并试图理解各种各样的需求。副校长想要一栋代表学校形象的"展览型"建筑，而艺术系想要一栋可以被"破坏"的建筑。建筑师需要谨慎地分析和考量这些彼此对立的需求和期望。

在这个关键阶段，建筑师可能还没有绘制图纸或制作模型，但他们确实在进行设计。他们在"设计"处理各种关系的方法，这些关系会影响建筑的空间布局。

← 多功能建筑所采用的设计过程要能够在漫长的设计周期中，包容和控制源于建筑自身的复杂性。**索尔福德大学新艾德菲大楼**（英国曼彻斯特，斯特里德·特里格洛恩建筑事务所，2016 年）

城市语境

索尔福德大学成立于 1896 年（当时名为皇家技术学院），1967 年获得大学资格。沿着 A6 走廊（靠近曼彻斯特市中心并向西延伸）的数栋建筑是学校的教学楼，能容纳约 19 000 名学生。校内许多建筑已另作他用，因此许多教职工被迫在不适宜的空间内工作。

学校计划借新艾德菲大楼将"艺术和设计"与"音乐和表演"两个系部合并。两者的创作实践密切相关，可以从交流中受益，但它们之间的接触却很少。学校希望在共享的建筑中成立艺术与媒体学院，促进两个系部的合作。这是变革计划的一部分，将来会重新配置整个学校学术、行政的职能和设施。

索尔福德大学也在经历变化。变革计划（包括新艾德菲大楼及其周边）涉及改变交通方式以增加步行区域，整合新的交通枢纽和公共场所。新的大楼能否适应未来的发展并与之和谐共生，是非常重要的设计需求。

↓　学校希望将新艾德菲大楼作为变革计划的基础，以融合一系列的不同专业，从而促进协作，优化校舍策略。建筑师负责探索将使用者从不同位置转移到新建筑中的最佳方法。

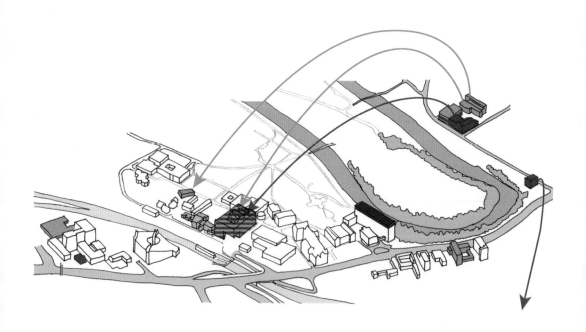

初步设计（概念设计）

在详细了解了项目利益相关者和使用者之后，建筑师的下一步工作是绘制图纸或制作模型，以迅速将构思转变为最终方案。建筑师的想法是，在整体外围护内为不同的系部设置独立单元，以此来为将在新大楼内合并的不同系部提供个性化的身份特征。独立单元之间的空间能为不同系部的相互协作提供条件。

斯特里德·特里格洛恩建筑事务所通过设计过程中的反复与迭代，探索了形式、材料、空间布局及城市效应的多种可能，旨在从成本、空间、结构、（尤其是）美学等多个角度来寻找最有效的解决方案。由于该建筑是创造性艺术的象征，且在城市中占据了重要位置，因此它的呈现方式至关重要，无论是对参观者还是对路人。

↓+→+↘　设计团队进行了长期的用户研究，试图理解不同系部的众多需求和期望，并制定出了可行的空间策略。在这一过程中，图纸和模型起到了评估和传达的作用。

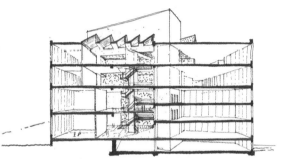

↓　设计师对更广泛的城市语境和现有总体规划的回应
定义了建筑的许多特征。

受城市语境的影响，设计回应了几个"临街空间"。沿着建筑东立面的一条新步行路线，将建筑与北部学生宿舍相连，从而扩大了该立面沿线的交通空间。西南角的新火车站和公共广场创造了另一个临街空间，而东南角将作为校内学生的主要汇集区域。事实上，建筑没有"背面"，设计师需要通过空间规划，解决不同路线之间的连接问题。

这些人行通道贯穿建筑体块，使不同系部的独立单元相对于整体外围护来说有些扭曲。助理建筑师托马斯·希恩认为，扭曲的几何形状增加了系部之间的协作空间，还可以体验"奇妙的互动时光"，例如用于小组讨论的安静空间或用于即兴表演的小型舞台。

各学科在关注自己身份特征的同时，也希望能够了解其他学科领域的空间情况。贯穿建筑物的切线所形成的共享空间，为建筑的不同区域提供了多种可见性※。这种透明性也为公众提供了参观的机会。大乐队室是铜管乐队的排练空间，可以俯瞰学生的主要入口。穿过主屋顶的音乐厅是最大的建筑体块，也是建筑最突出的部分之一。

索尔福德大学起源于一个技术机构，至今仍是一所注重实践和职业发展的大学。在艺术与媒体学院，几乎每个专业都提供相关科目的基础理论、专业技巧，以及向公众展示等方面的培训。对于音乐专业，除了表演，录音与制作同样受到重视。音乐厅可用于教学和演出，还能支持高水平的技术指导。教学空间可供学生随时随地进行表演或展示，在这种氛围里，整个建筑空间都呈现出了面向公众的开放性。

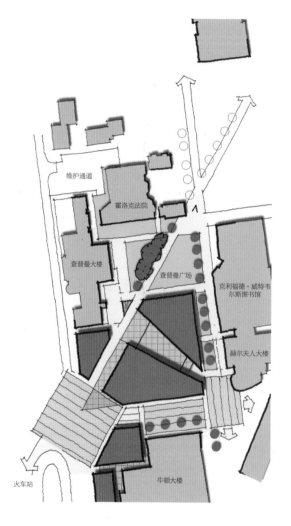

※　可以从共享空间向各个区域看，可以从各个区域向共享空间看，各个区域之间也可以相互观看。

深化设计

随着设计方案的细化，斯特里德·特里格洛恩建筑事务所将注意力更多地转移到技术问题上，同时扩充设计团队，增加其他专业的工作人员。我们不应认为技术设计与美学无关，相反，技术问题的解决将通过材料、细节和形式对建筑物的视觉感知方式产生深远的影响。

新艾德菲大楼使用者的多样化需求需要特定的技术解决方案，而大楼的空间设计应该能够适应这些不同的技术需求。例如，录音棚位于较低楼层，能够尽可能隔离外部噪声。音乐厅位于大楼中央，可以方便公众使用；音乐厅也邻近工坊（workshops），使工坊内的师生可以看到人群出入音乐厅的景象。工作室（studios）位于较高楼层，光线充足，朝南的大面积开放空间可以允许被动通风，并减轻建筑物的设备荷载。

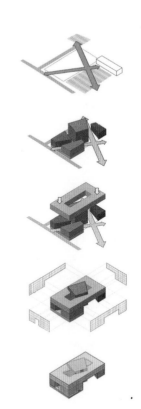

↓+↘ 早期的规划草图显示了该设计的初始概念，包括对城市语境的回应和建筑空间布局。尽管设计的细节会继续深化，但对项目利益相关者和语境的研究，决定了设计的主要特征。

↑ 新艾德菲大楼的基本设计借鉴了城市语境，确定了穿过场地的路线，同时也计划为每个系部提供身份特征。

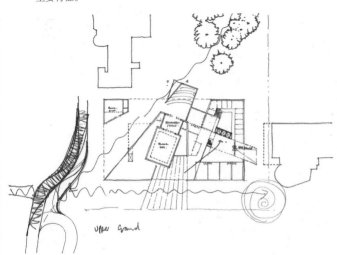

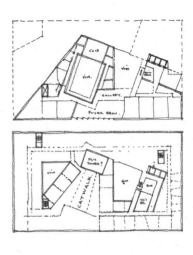

音乐厅

音乐厅的设计是一个复杂的技术和空间问题，具有多种功能的音乐厅需要灵活性，因而更加复杂。新艾德菲大楼的主音乐厅将用于公演、教学和演讲，因此需要找到赋予空间灵活性的技术方案，同时还要确保无论何种类型的活动，该设计都能为台上和台下的人员提供最佳体验。

通过与英国专业剧院咨询公司——剧院计划（Theatreplan）合作，设计团队探索了多种方法，以使音乐厅既灵活又舒适。咨询公司提供了座椅和舞台的潜在方案，斯特里德·特里格洛恩建筑事务所负责安排材料和空间。作为教学空间，音乐厅需要为学生了解台前幕后提供最佳支持。为了这一目的，整个顶廊都围有护栏，用来保障在高空学习照明或场景管理的学生的安全。可移动讲台和可调节地板相结合，能够满足多样化的座椅和舞台布置，支持不同类型的演出。

如何管理新艾德菲大楼的多功能音乐厅，也是一个挑战。作为教学空间，它必须足够结实，才能承受频繁的变更和转换，因此需要坚韧的材料。然而，作为面向公众的场所——学校形象的展示和象征，音乐厅也需要精致的表皮。为了达到平衡，针对材料组合和构件细部，设计团队进行了多种尝试。最终的设计方案将工业材料（如楼厅立面的低碳钢板）与座椅上的优质织物相结合。座椅颜色的细微变化采用了类似做旧的手法，仿佛音乐厅已被使用了一些时日，增强了空间的年代感和体验感。

↓ 立足于技术教学，索尔福德大学非常重视艺术生和表演生对"台前"与"幕后"的理解。音乐厅顶廊上的安全网，使学生得以在音乐和表演上接受全方位的培训。

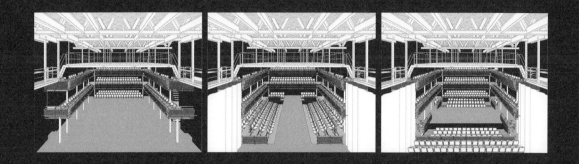

↑　通过与专业的剧院设计咨询公司合作，斯特里德·特里格洛恩建筑事务所研发了一种可以灵活调节舞台和观众席高度的系统，座椅也可移动成不同组态。这种灵活性已成为整个建筑设计策略的重要组成部分。

↓　音乐厅的最终设计可适应公众演出、学生表演、技术教学、大学活动以及许多其他类型的活动。设计策略旨在提供一个足够结实的空间，以承受不断变化和重置所产生的压力，同时也要具有较好的外观，使该空间足以代表大学的形象。

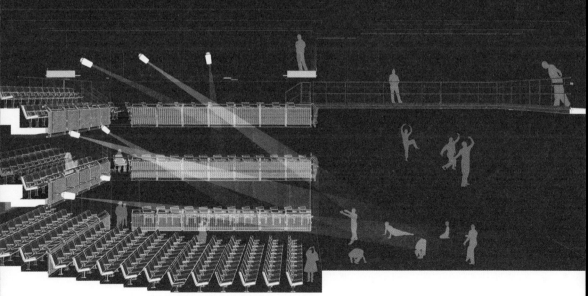

工作室

新艾德菲大楼的上面两层（5层和6层）容纳了员工办公室和开放式工作室。这两层楼都是整层高度，为工作室提供了必需的大体量灵活空间。在较低楼层，这种开放空间的面积是有限的，被不同的系部分割成各自独立的单元。

以工作室为基础的教学方式，意味着空间有多种功能，如教室、自习室、展示厅和评审区。此外，不同学科有不同的使用方式。艺术专业（绘画、影视、雕塑等）的学生喜欢独立的工作空间，而建筑专业的学生喜欢使用大桌子画图，并结合计算机进行数字建模或 CAD 制图。服装设计专业的学生需要更大的桌子进行纸样剪裁，还需要缝纫机、人体模型以及悬挂衣服的空间。针对这些专门的需求来进行设计，不仅造价高昂，还会造成空间的呆滞。

为了保障不同学科能在不同的时间使用工作室，设计方案必须灵活且经济。在划分工作空间时，斯特里德·特里格洛恩建筑事务所没有使用固定的墙壁，而是采用了新的设计策略——活动面板和储物家具——可以让师生灵活地定义个人工作区或小组活动区。为了控制成本，并提供足够结实的表皮来应对不同类型的展示和创作，主要饰面材料选择了定向刨花板。简单的钢制高架格栅可以为固定在活动面板上的低碳钢挂钩提供悬挂结构，便于重新布置活动面板。同样由定向刨花板制成的储物家具，空间充足，可以容纳模型、图纸和衣服，也可以根据需求重新布置。储物单元立面上简洁巧妙的插槽，可用来放置隔板。隔板既可以安装在储物单元的内部，也可以安装在外部，以进一步增加灵活性。

布置在5层和6层南侧的大型工作室具有许多技术优势。开放式工作室能够更好地应对太

◆+◆◆ 如图所示，工作室位于5层的南侧和西侧，以及6层的整个外围。这些大型的开放空间，加上位于中央的双层中庭，使建筑能够最大化地实现自然通风。

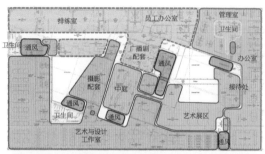

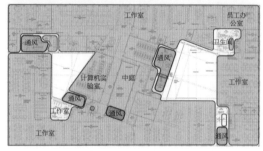

阳能，贯穿大体量空间的被动通风可以使热量消散。建筑北侧的员工办公室和行政区域受到阳光直射较少，办公室有更多分区。这些较小面积的分区单元，如果没有设备系统，很难把控室内温度。因此，工作室和办公室的布置方案，不仅可以解决空间问题，还可以解决环境问题。

音乐和表演专业的学生还需要排练室。排练室的空间同样具有灵活性，而且符合该学科的教学特点。有的表演空间铺有舞蹈弹性地板，以减轻舞者腿部的压力。有的空间则注重隔声效果，减弱彩排噪声。所有设计都像工作室的设计一样，既可以满足主要功能，又可以灵活应对其他活动。

⬇+⬇+⬇+↘ 艺术、建筑和服装设计课程有着不同的空间需求，每门课程的工作室空间还会扩展或收缩（取决于学生人数），因此，多学科共享的工作室需要极富灵活性的设计。斯特里德·特里格洛恩建筑事务所利用分区和储物的概念，并以之为设计策略，轻松高效地解决了这一问题。由坚固、廉价的材料制成的悬挂式隔断面板和滚动式储物柜，可适用于工作室、展示区、计算机实验室，以及许多其他功能的空间。

⬇ 经过特殊设计的表演工作室隔声性能非常好，可以用作音乐教室，还安装有弹性地板，可以用作舞蹈教室。

结构

在项目早期，建筑底层的占地面积比上层小得多。显而易见，允许路人从场地中穿行是为了应对更大的城市环境而采取的设计策略。

新艾德菲大楼的东南侧有一个大悬臂角，西侧建筑跨度很大，需要制定专门的技术方案。设计团队面临的挑战是如何使不受支撑的区域保持稳固，同时贯彻项目的视觉概念——呈现边际清晰的相交体块。因此，如果支撑结构过于显眼，就会掩盖设计概念。

建筑的一到四层和交通核在结构上较为简单。钢筋混凝土既为上层楼板提供了支撑，也使钢框架变得坚固。设计团队希望在建筑上层使用钢结构，配合大面积玻璃窗。钢材可以灵活地应对大跨度和大悬臂的挑战。

设计师与英国安博（Ramboll UK）公司的结构工程师合作商讨了多种方案。考虑到结构上的巨大跨度，设计团队很快意识到，他们需要一个复杂的解决方案，类似于建造桥梁，而非建筑。最终的解决方案是在上层建筑的外围放置一组堆叠的桁架，将桁架锚固在下方楼层的混凝土体块中，混凝土体块包裹着垂直交通核。设计团队探索了桁架的各种配置，最终提出了可以满足大跨度的结构方案。在建筑内部，裸露的钢结构生成了醒目的对角线。

⬇　设计团队绘制了多个桁架图，旨在探讨上层建筑的结构配置，以实现建筑师设计的大悬臂和大跨度。

⬇⬇　设计初期的立面草图，用来探索建筑视觉外观和结构方案之间的关系。

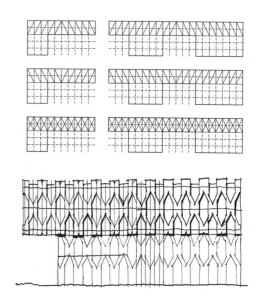

⬇　建筑的较低楼层采用了钢筋混凝土结构，钢筋混凝土交通核向上延伸，以支撑上层的钢结构。为实现大跨度大悬臂的设计，结构体系几经修改，在入口处呈现出巨大而可见的视觉效果。

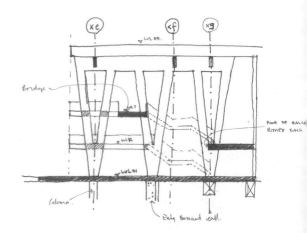

幕墙立面

用户每天都会和建筑的内部空间产生互动，但更多的人是在步行或开车时路过。因此，建筑的外观决定了人们如何理解该建筑以及如何与其互动。除了一层的全玻璃咖啡厅，新艾德菲大楼的立面由铝板和各种类型的垂直条状玻璃组成。建筑立面在实心、半透明和透明之间变换。不同的透明度使南面外墙可以更好地利用太阳能，减少对冷却和通风设备的需求。垂直条状玻璃遮掩了幕墙后方的结构构件，隐约露出粗壮的钢架，使人好奇。

立面的布置看似毫无规律，其实采用了面板的重复。底层网格为 7.2 米 × 7.2 米，每个 7.2 米的区间都包含 600 毫米、1200 毫米和 1800 毫米宽面板的相同排列。但是，面板的样式却并不重复，毫无规律的玻璃和实心打破了统一性。材料和条带宽度的选择，取决于内部空间对可见性和热控性的需求，这一应用规则，造就了引人注目的建筑立面。

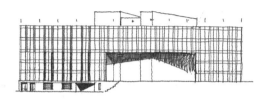

↑　幕墙立面的二级结构和窗框的布置，必须与后面的钢结构或钢筋混凝土结构相协调。在两者之间创建一套通用的模块系统，可以确保设计团队顺利完成醒目的视觉效果。

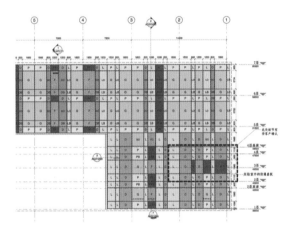

↓ + ↑　立面的整体效果非常醒目，但需要周密的图纸，才能准确地安装。

共享空间

　　新艾德菲大楼由各种共享空间组成，在这些空间中，公众可以与大学教职员工交流互动，学生们也可以相互交流。在建筑中穿梭，你会发现不同系部之间的开放性共享空间，提供了会议区、咖啡区、工作区和休息区。从带有巨大"V形"混凝土结构元素的三层高入口大厅，到音乐厅咖啡区的小型私密隔间，遍布着这样的共享空间。在所有共享区域中，大型结构元素（如混凝土梁柱）清晰可见，与更精致的石膏、木材饰面形成对比。建筑一层地面的材料和颜色，采用了与建筑周围人行道路面相同的选择。

　　多数情况下，共享空间的主要功能由家具决定，大部分多功能建筑都需要多种类型的家具。例如，在公共区域，通常只有少量家具，以鼓励人们前往其他空间或引导人们进入特定场所，而在私人区域，家具能够满足会议或工作的使用需求。

↑　通过设计初期的数字化效果图，我们可以看到该设计创造了有趣的会见场景和潜在的协作机会。通向较低楼层的楼梯可以成为观看下方即兴表演的落座区。

↓+↘　咖啡区的座椅提供了会议及协作的空间。最终的设计仍然遵循最初的意图，不同类型的座椅配置，可以适用于各种各样的活动。

新艾德菲大楼还需要创建一系列的独立体块来容纳不同系部。独立空间可以保留各个系部的学科特征，还可以提供不同高度的天花板，以适应各种活动，避免了天花板高度一致造成的空间利用率降低或活动效果受限。独立体块之间的开放空间容纳了这些高度差异。垂直交通（电梯和楼梯）提供了多样化的出入点，例如，某些电梯两侧的楼层高度不一致（一侧间隔 3 米，另一侧间隔 4 米），而楼梯中间的平台连接了不同的楼层。

↓ 功能不同，所需的空间大小不同，各系部之间的楼层高度也不同。共享空间可以包容不同的高差，并利用交通系统（楼梯、电梯、桥梁）来调和这些差异。

↑ 不同楼层高度与大型开放中庭相结合，缔造了不同系部之间的视线交汇。站在高层，我们可以看到办公室、工作室以及学生共享空间。这正是设计师想要表达的透明性和开放性。

招标

设计与建造

当项目完成技术设计，已经有了足够的信息用来进行招标和成本预算。客户要求签署"设计建造"合同，这是一种采购方式，承包商需要承担设计和建造的责任。这意味着建筑师（或至少是建筑师的某些工作）由承包商任命。因此，在处理承包商（拥有建筑师雇佣权的一方）和建筑使用者孰先孰后的关系时，建筑师会面临困难。大型的、复杂性高的、造价高的项目，通常制订此类合同，便于控制成本和管理进度。

随着大部分深化设计工作的完成，项目进入招标阶段。对于设计建造合同，提供给潜在承包商的信息可能有所不同。如果只提供非常笼统的信息，承包商就要承担较大的风险，因为细部设计还没有完成。这种情况下，承包商的报价较高，因为他们需要将未知风险的成本考虑在内。但如果设计建造合同提供过多的细节，也会给承包商造成困扰。细节过于详尽，承包商就失去了材料或施工工艺的选择余地，难以节省成本、增加利润。在新艾德菲大楼项目中，斯特里德·特里格洛恩建筑事务所对某些区域提出了细节化的设计方案，对其他区域则保留了技术设计的开放性，以便承包商自行深化设计，在保障利润的同时交付令学校满意的建筑。

在签订设计建造合同的项目中，建筑师可能会是不同的角色。有时，获得招标合同的公司有自己心仪的建筑团队（也许曾经与之合作过），不再需要项目初期的设计师。有时，客户也可能会与项目初期的设计师签订新的合约，以便设计师参与项目的全过程，保持设计的连续性。

在 BAM 建设公司中标后，客户与斯特里德·特里格洛恩建筑事务所签订了新的合约，将斯特里德·特里格洛恩建筑事务所的设计服务转包给了 BAM 建设公司。

招标是在斯特里德·特里格洛恩建筑事务所接受委托大约一年后，索尔福德大学启动该项目大约两年后进行的。两年的时间足以发生很多变动。大型建筑项目耗时数年才能完成，会受到许多意想不到的因素的影响，而小型项目往往不用考虑这些因素。同时，经济的波动（如利率或通货膨胀率的变化）会影响项目成本，政府的政策也可能发生变化。英国的大学由中央政府资助，受到国家教育政策的约束。2012 年，大学教育经费的变动导致学生学费大幅上涨，给高等教育部门带来了很大的不确定性。各学校开始思考，这些变化会对招生和学生期望产生怎样的影响。

政策的变化影响到了新艾德菲大楼的招标工作。同时，学校的领导团队也发生了变化。负责校园建筑的主管离开了，负责该项目的院长也离开了。每件事都预示着项目的停滞，因为学校无法决定建筑的定位。

↗←→　用于招标的设计信息通常与施工信息非常相似。这些信息包括图纸和说明书，旨在提供足够的技术参数，使承包商能够准确地估算成本。

重新设计

2012 年，由学费上涨引起的高等教育领域的不确定性在艺术学科表现得尤为明显，因为这类学科更容易受到学生需求波动的影响。考虑到索尔福德大学对新艾德菲大楼的投资巨大，该建筑的空间应当足够灵活，可容纳其他功能，以防艺术和表演专业的注册人数减少。学校还希望增加总建筑面积，以提供更多空间和更大的灵活性。在最初的招标中，中标报价比学校预算减少了约200 万英镑，因此学校决定重新审查方案、修改设计，以便获得更多的可用预算和更大的建筑空间。

对设计的修改并未改变建筑尺度，而是填充了工作室楼层开放式走廊的空间。在原设计中，

工作室楼层的中央有一个两层高的走廊空间作为"评议区"，现有设计去掉了两层高的走廊，获得了大量的可用面积。

为了充分利用现有空间，建筑师又陆续对方案进行了其他修改。例如，占用原设计中的零售空间，来扩大工坊。调整录音棚，重新设计录音棚和控制室之间的关系，以更好地利用隔声墙。

有时，面对客户提出的修改意见，经验丰富的设计师会质疑其并不符合项目的最佳利益。有些设计师会极力劝说客户重新考虑，但难免有需要妥协的时候。在新艾德菲大楼首次招标之后，院方提出的修改要求删除了一些对使用者来说非常具有吸引力的空间特征。索尔福德大学认为，必须将建筑的可用面积最大化，因此删减了一些趣味空间，以增加或扩展功能性空间。妥协并不是设计的敌人，相反，它是设计的一部分。有时，妥协甚至可以激发设计师的创造力。

←← 最初的设计包含一个双层高（5层、6层）的展示空间，该空间可适用于任何课程，用来展示、审查和评论作业，或举办表演。观众可以从6层的走廊向下俯瞰，体验双层空间。

← 在重新设计时，为了获得更多可用面积，5层和6层中央的双层展示空间将被取消，以提供额外的建筑面积，作为专用的计算机实验室。

↑ 新的设计，扩大了某些工坊的面积（例如打印室）。这样的改动有利于教学工作的开展，使学生能够在建筑内完成工作，拉近同学和导师的距离。

二次招标

需要再过 12 个月，学校才能制定出新的学费方案，新的高层管理人员才能前来就职。在此期间，斯特里德·特里格洛恩建筑事务所的设计团队一直在修改设计。许多设计变更在不改变建筑整体体量的同时，提高了空间的使用效率。

对于调整设计方案会提高建筑成本，学校早有预料。最重要的改动之一，是填充 5 层和 6 层之间的双层空间。这一改动从根本上改变了两层楼的通风策略，具有相当大的影响。原来的大面积开放式空间，适用于被动通风，设备需求较少。现有设计删减了双层空间，减弱了两层楼之间的空气流动，因此需要更多的机械设备、通风井和通风管网。整个项目的成本将大幅增加。

历经 12 个月的重新设计，项目重新启动招标。第一次招标的中标金额低于预算，但第二次的中标金额超出了预算。确定了承包商之后，项目再次向前推进。由于超出预算，承包商要进行的第一项工作就是实施价值工程。

价值工程

尽管许多人将价值工程等同于削减成本，但实际上，它是一种严密的管理方法，旨在提高效率和降低成本。第二次世界大战期间，美国通用电气（General Electric，简称 GE）公司率先提出价值工程。当时，材料和劳动力的供应不足阻碍了生产。GE 公司系统地分析了功能需求，发现通过使用不同的材料或生产方式，可以在降低成本的同时取得相同甚至更好的结果。在很多领域，价值工程已成为大型项目的常见特征。每个大型建筑项目都要经历价值工程。设计团队会

↑↑+↑　入口大厅的两个效果图分别显示了在实施价值工程之前（上）和之后（下）的设计。设计团队已经开始调整室内设计，更换了砖块的颜色以降低成本。在后续阶段，设计方案还会被进一步修改。

→　在价值工程阶段，尽管成本较高，工坊区域的红色釉面砖仍然被保留了下来。从两个主轴的任一方向靠近建筑，都能看到这一强烈的设计元素，红色釉面砖赋予建筑的色彩具有很高的美学价值。

发现价值工程并非易事，因为它经常需要更改或删除一些设计内容。但是众所周知，妥协和修改贯穿于设计过程中的每个阶段。

技术设计

价值工程阶段，索尔福德大学最明显的修改内容是建筑外观和入口大厅。在最初的设计中，每一个主要建筑体块都采用了不同类型的砖来砌筑，由室外延伸至室内。这样的设计可以增强每个系部的辨识度，并为访客指明方向。尽管砖是一种很常见的材料，但铺设过程非常耗时，需要经验丰富的工人来施工。因此，这种设计造价很高。价值工程改变了砖的类型和使用范围。在主入口的原有设计中，你会看见多种类型的釉面砖，但最终的方案只保留了室内音乐厅表面的深色工程砖，和工坊区域外立面的红色釉面砖。

某些在价值工程中被删减的设计，在后面的设计阶段，可能被恢复。例如，音乐厅入口处的一组大门，在价值工程中被认为是多余的，并因此而被移除。音乐厅的功能不会因为门的移除而受到影响，但随着项目推进，人们意识到增加入口的优势，又将大门重新纳入了方案。

在设计建造型的项目中，建筑师的技术设计需要与施工建设和成本监控紧密结合。技术设计必须与总体设计意图相协调，同时还要确保尽可能高效地开展施工建设。通常情况下，在所有技术设计完成之前就已经开始现场施工了。设计团队根据与施工时间表相对应的预期进度表，将"信息包"（施工图）发给承包商。特定的"信息包"发出后，设计工作将重新返回深化设计阶段，以提供下一个"信息包"。因此，项目的某些部分可能还处于深化设计的不同阶段，而其他部分已经完成设计开始施工了。

新艾德菲大楼功能丰富，需要考虑很多细节，从墙壁和地板复杂的细部到结构详图和饰面材料。不同的房间有着不同的结构系统，各种材料和系统之间的连接设计极具挑战性。此外，录音或舞蹈空间的设计也有严格的性能要求。

音乐厅是该建筑最复杂的区域之一，在声学、电气、座椅、照明和材料等方面都要面临很多挑战。更棘手的是，这些元素交织在一起，其配置是可变的，因为音乐厅需要针对不同类型的活动来调整布局。例如，固定座椅和楼厅必须整合照明、电气、通风和安全栏杆，这些元素都要结合声学设计，以杜绝不必要的振动或回声。栏杆的设计根据其位置而有所不同，挡板的不同布局，可以分散或吸收回声。

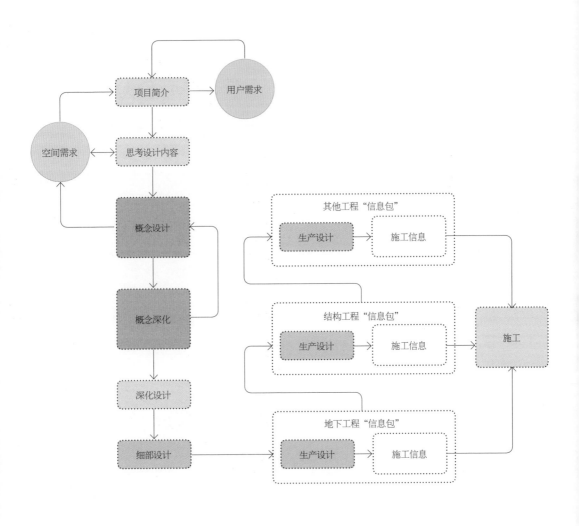

↑ 设计建造型项目的设计过程可能会有变动，具体取决于承包商委任建筑师的时间。新艾德菲大楼的许多深化设计和细部设计已在招标之前完成。斯特里德·特里格洛恩建筑事务所在施工阶段被转包给了承包商，因此设计团队在施工设计阶段的主要工作是制作"信息包"。

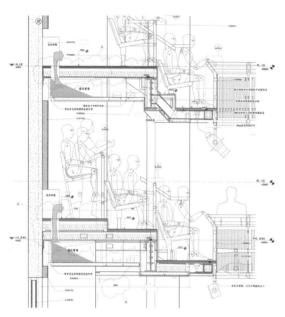

↑ 艾德菲大楼音乐厅楼厅座椅的复杂设计展示了结构、照明、通风和座椅布局的协调方式。

结构系统的技术设计，尤其是 5 层和 6 层的大型钢桁架，会影响到工作室和工坊的日常使用。设计的挑战不仅是结构上的，还有程序上的，这些大型钢构件的建造方式需要经过设计和测试才能确定。构件的关键部分已经搭建完成，以便验证和检查施工顺序。钢板厚度从 10 毫米到 50 毫米不等，其制造和安装是施工过程中最复杂、问题最多的部分之一。正如助理建筑师托马斯·希恩所言："我们的设计不仅要实现最终功能，还要考虑到现场施工。"这意味着结构设计人员不仅要了解如何实现结构功能，还要了解如何搭建结构体系。

尽管早期的设计已经确定了幕墙的虚实规律，但在技术设计阶段，实际的材料组装以及相应配件必须经过测试。因此，设计原型仅是幕墙系统工程的一小部分，幕墙系统工程的目的不是

↑↑ 对于具有挑战性的结构系统，预先模拟建造过程是很有必要的。钢铁制造公司按照结构设计方案制作了全尺寸的钢桁架实体模型，在车间中检查，以确认焊接细节和表面处理工艺。

↑ 幕墙实体模型安装在新艾德菲大楼附近，可以让客户测试并确认幕墙的材料、组装和细节。

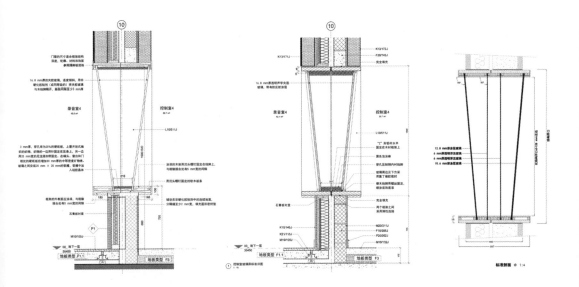

测试幕墙的整体外观，而是测试幕墙的水密性以及材料组成关系。为此，设计团队在新艾德菲大楼附近选择了一栋建筑，安装了一个面板，该面板集合了一系列的材料、玻璃和窗框，并以一种从未在新艾德菲大楼外墙上出现过的方式配置在一起。设计师和承包商通过使用这样的面板，来评估材料的效果和特性。

技术设计并非总能深化到建筑细部。有时，承包商会用工业制成品来代替需要定制的细部。例如，录音室的表演空间需要和控制室建立视觉连接。录音室对声学环境要求严格，因此斯特里德·特里格洛恩建筑事务所与声学顾问合作设计了高度专业化的窗户和墙壁细节，并改进了方案以提高其可行性。但是最终，承包商找到了一家制造商，可以提供现成的、满足标准的解决方案。尽管与建筑师的设计不同，但两者性能类似，且制造商的方案更易于安装。

↖ 深化设计细部，需要充分了解结构和材料。设计团队与声学工程师合作完成了录音室和控制室之间玻璃隔断的细部。墙壁结构和窗户布置旨在最大限度地阻断外来声音的传播。

↑ 设计团队与承包商合作，修改了墙体的细部设计，以便于施工组装和后期维护，同时还要确保墙体保持应有的性能。

↗ 设计团队不断地调整隔声墙细部，而承包商想要找分包商来承担这一关键建筑元素的责任，提供现成的声学解决方案。最终，隔声墙细部的设计采用了分包商的设计方案。建筑师的设计并未实施，但在一定程度上指导了分包商的设计方案。

施工设计

斯特里德·特里格洛恩建筑事务所接手该项目近三年后，项目进入了施工阶段。虽然经历了漫长的等待，但该项目毕竟是索尔福德大学多年来最大的资金支出，再加上教育部门的不确定性，必须谨慎对待。重新设计、重新招标、价值工程和技术设计都需要时间，特别是对于新艾德菲大楼这类复杂的建筑。

大型建筑的施工更是难上加难，需要大量劳动力，来安全地运送、存储和管理大批量的设备和材料。因此，在项目的设计过程里，必须安排好施工过程各个阶段的顺序。设计施工过程主要是承包商的职责，但会涉及所有顾问。对于设计建造型项目的建筑师而言，安排好技术信息的对接非常重要。他们必须确保及时向承包商提供信息，以便承包商可以适当地安排工作顺序。

新艾德菲大楼的完整施工过程超出本书讨论范围，但是我们会介绍在施工期间需要额外设计工作的几个关键点。

在项目初期就可以预见，该建筑的结构会成为巨大挑战。钢结构的规模涉及大范围的连接和一些巨大的钢构件。制造和安装钢结构的承包商制定了一个计划：在车间内组装大型桁架，并将其分解成多个部分（但仍然很大），然后将其运输到现场进行重新组装。这种做法很常见，但在当时的情况下，考虑到大规模钢结构的复杂性，这种做法非常耗时，并且大悬臂和大跨度也极具挑战性，这意味着钢桁架的安装会被严重的延误。混凝土支撑结构的浇筑相对较快，一旦建筑的北端建好，钢结构就会成为拖延工期的因素。

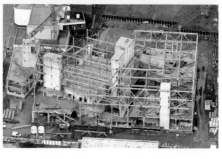

↑ 施工过程也需要设计。起重机的位置、现场交通和物料存储都必须仔细安排，以确保工地作业能够顺利进行。随着时间的推移和工程的进展，施工场地变得越来越狭窄，施工顺序变得越来越重要。

⬇ 尽管钢结构规模巨大,但在制造和装配时仍需尽可能地减少误差。钢铁承包商给出的策略是在车间制作大型构件,再将其分解运输,然后在现场重新组装。

⬇ 在现场组装钢桁架需要临时支撑设备的配合。使用临时接头将型材固定在一起,然后通过焊接完成组装,这一过程所耗费的时间超出了预期,且极具挑战性。

即使是小型项目也经常会遇到延误,因为施工过程中有许多变数。有时可以通过在其他地方节省少量时间来弥补项目过程中的延迟,但有时延迟的工作对项目的其他部分是至关重要,它们会导致"连锁反应",导致整个项目的延迟。

钢结构安装的延迟意味着设计和施工团队需要找到一个解决方案,以便在部分建筑还未开工时继续进行工作。例如修建临时屋顶,使工程得以继续。在施工的多个月中,现场航拍照片记录了建筑物不均匀的施工顺序,北端看起来几乎完整,而南端仍未完成结构框架的搭建。承包商试图重新设计其余钢构件的制造和组装过程,以加快这一进程。

↑ 重大项目的延误并不罕见。由于大型钢桁架的组装难度较大(特别是悬臂和大跨度开口),施工进度往往参差不齐。到 2015 年 7 月,部分建筑物已经接近完工,而其他区域还只是散布着一些临时支架。

室内空间再设计

随着施工进程向前推进，学校也一直在考虑如何使建筑面积最大化。例如，在第二次招标后，设计师提出了新的设计方案，通过填充双层通高的长廊式共享空间（位于5层和6层），创造了额外的工作室空间。学校想赋予这些空间更明确的用途，因此即使建筑正在施工，斯特里德·特里格洛恩建筑事务所也不得不重新设计上层的室内空间。

当建筑已建成一部分时，重新设计无疑是一个挑战，许多参数会受到已完工的结构和空间的限制。在此阶段，新艾德菲大楼的交通核已经完工，大部分的钢结构也已经固定，即使尚未安装，也配备好了支撑架。重新设计必须在这些条件下进行。5层的中央区域变成了一个更大的摄影棚和暗房，6层的相应区域成为辅助设计课程的计算机房，7层创建了额外的表演工作室。

新艾德菲大楼的设计是一个连续的过程。建筑师、咨询顾问或承包商都无法明确地指出设计过程的完结点。即使工作重心已经转移到其他建设流程，也依然需要设计在背后持续地提供支持和指导。

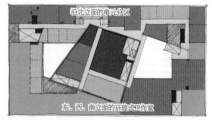

1. 修改后的空间布局概念

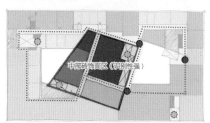

2. 修改后的交通及安全概念

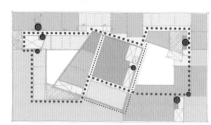

3. 修改后的服务空间分布概念

↑ 即使项目已进入施工阶段，也可能需要修改设计。在新艾德菲大楼项目中，设计团队再次修改了上层的设计方案（已经历多次修改），以更好地利用填充中央走廊后获得的额外空间。这一修改影响了办公室和工作室的布局、室内通风及设备系统。

← 随着上层的重新设计，办公室的布局也需要重新设置。设计团队创建了一系列不同的布局，包括开放式办公室、会谈室和员工休息区。这些设施旨在为教职员工提供最大的空间来工作、娱乐和会面，同时还要在办公室和教室之间划定清晰的路线。

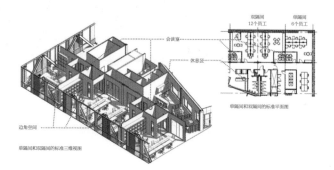

单隔间和双隔间的标准三维视图

单隔间和双隔间的标准平面图

投入使用

　　即使在新艾德菲大楼已经完工，各个系部都搬入之后，建筑师们仍在继续改进设计。设计团队对某些建筑区域进行了小幅修改，以满足使用者的实际需求，这些实际需求只有在使用过程中才会显现。建筑师们还会反思该项目的工作流程、挑战和成就，将经验运用于其他项目。

　　新艾德菲大楼标志着索尔福德大学的创造性艺术步入新阶段。建筑、美术、设计、音乐和表演学科首次融汇在一起，新的建筑为学科之间的创新合作提供了可能。

↑+↓　从启动到完工，新艾德菲大楼耗时近七年。尽管在整个项目周期中都存在延迟和返工的情况，但大楼竣工后立刻成为索尔福德的地标。对于投入了大量资金的学校而言，新大楼为创意和表演艺术提供了新的契机，使其可以在新的环境中融合，探索新的合作关系。

第八章

制定自己的设计过程

保持好奇

优秀的设计师会一直寻找可以拓宽视野、改进世界观的新鲜事物，以开辟新的思维方式或视角来审视周边环境。他们在各种各样的活动中寻求灵感，这些活动看似与设计（或建筑）无关，却能够帮助设计师以不同的方式思考。

阅读是扩展世界观最有价值的方式之一。正如人们阅读小说、传记、历史等读物一样，设计师也可以从书籍、杂志和博客上阅读各种设计。阅读能够引导设计师关注不同的观点和理论。

← 在这个大型商住混合建筑的大厅，成百上千的木板将温暖和手工艺品融进冰冷的商业化环境中。建筑师完成了一项复杂的设计，不仅挑战了自我，也挑战了访客。**Hotel 酒店大厅**（澳大利亚堪培拉，March 建筑工作室，2014 年）

↓ 完美的设计需要反复的迭代。对于每个项目，设计师都需要推进自己的构思、质疑自己的设计、审查自己的设计过程、反思自己的设计灵感。**设计草图展示**（德尼亚利·塞纳纳耶克，2013 年）

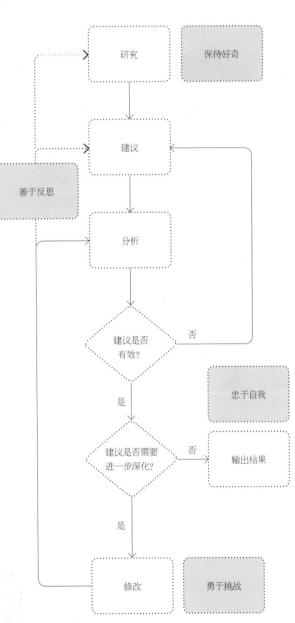

想要制定自己的设计过程，你必须探索自己的工作方式。为了探索重型砖石结构和轻质木材结构的并置，奥利维亚·菲利普斯铸造出了模型的一部分。这使她对不同的材料保有敏感性，并通过不同材质的模型来选择适用于项目的材料。**模型研究**（奥利维亚·菲利普斯，2012 年）

通过文学、电影、艺术和其他媒介审视周围的世界，可以为你的设计过程提供信息。了解更为广阔的世界可以丰富设计师发散思维的方式。这一概念"草图"从其他形式的艺术和交流中汲取灵感，提供了一种动态的方式，使观者与项目产生了关系。**概念拼贴**（中华人民共和国大使馆文化处概念设计，达鲁妮·特德通塔维德，2012 年）

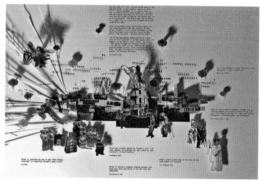

直接观察设计是扩展视野最有效的方法之一。无论长途还是短途旅行，都可以体验到新的场所和事物。参观博物馆和美术馆不仅可以让你学习如何设计展览空间，还可以启发你探索自己的工作方式，进而影响到你的设计过程。

观察只是第一步，你还需要分析并质疑你所看到的内容。为什么这样设计？建筑师的目的何在？能不能换种方式来设计？正如你在设计中必须向自己提问一样，作为一名善于反思的设计师，你也应该对他人的设计提出问题。

当你看到让自己好奇、兴奋或怀疑的事物时，探索它们。询问同事们的工作，并鼓励他们询问你的工作。提问和讨论的越多，就越会加深你对设计的理解，增强你交流想法的能力。

观察设计非常重要，但前提是你要尝试去理解事物的外表。阿蒂西亚大楼（Artesia）看起来像是两个分离的住宅塔楼，但实际上是一个被分为两半的独栋建筑。每半建筑的材料各具特色，又相辅相成。**阿蒂西亚**（墨西哥墨西哥城，索尔多·马达莱诺建筑事务所，2014 年）

善于反思

向自己提问的过程有时被称为"反思实践"。通过这种方式，设计师可以不断地检查自己的作品和工作方式，反思成果与路径。这是制定设计过程的重要步骤，在实践中，你可以用批判性的眼光来审视设计过程及其结果。

成为一名善于反思的设计师并不需要完成很多设计。反思的过程与设计过程极为接近，唯一多出的步骤是重新审视作品，以从中分析设计过程。

更进一步的反思实践，需要你留心记录设计过程的各个阶段。你可以使用素描本。善于反思的设计师需要通过推算，选择性地保留同一项目不同版本的设计资料，为后期的反思提供充足的信息。

反思不是简单的回顾，而是严肃的批判。你需要向自己提出问题，例如"我可以换种方式来做吗？""这是正确的解决方案吗？"或"下次我该怎么做出不一样的设计？"不仅要反思设计过程的结果，更要反思设计过程本身。

将设计过程绘制成图表，是一个好主意。在本书中，我们探索了他人的设计过程，并使用图表绘制出了设计过程的各个阶段。寻找自己的设计路径时，你可以花些时间来创建图表——绘制自己的设计过程，研究它与其他设计过程图表的异同。

在设计评审或"评图"中，我们希望听到建设性的批评。同样，在评论自己的设计过程时，我们也要富有建设性。消极的态度不会为你带来任何收获。反思实践应该是积极的、真实的，它可以帮助我们进步，帮助我们改善设计过程和设计成果，帮助我们更加清晰地观察和思考。

↓　作为项目深化的一部分，爱丽丝·迈尔在她的设计过程中引入了反思性元素。她用图表来考察自己的学习和探索，帮助他人了解自己的思想路径。**档案与访谈**（爱丽丝·迈尔，2015 年）

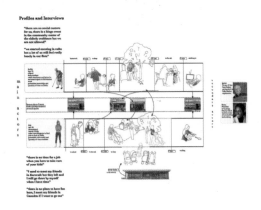

↑　绘制草图与保留日志一样，是一种反思行为。绘制草图时，我们试图把握住自己的想法，以备后期审视。若阿金·梅拉用 iPad 绘制草图，数字化草图可以直接导入其他应用软件，进行多种类型的交流。**医院入口草图**（若阿金·梅拉 /m2p 建筑事务所，2013 年）

← 学习设计，你需要始终寻找新的方法来探索构思、提炼创意、绘图建模。为了探索铸造立面的效果，法哈德·阿尔索挑战自我，铸造了一个等比例模型。**佩克汉姆伊斯兰文化中心立面研究模型**（英国伦敦，法哈德·阿尔索，2013 年）

↑ 设计像手工艺一样，需要一套认知技能。在奥地利阿尔卑斯山一座房屋的设计中，GEZA 建筑事务所挑战了自己对山中小屋所持有的类型学概念。新的细部构造和新的材料，帮助他们在保留传统视觉语言的同时，以巧妙的方式构建了新的外表。**山房**（奥地利霍恩图恩，GEZA 建筑事务所，2010 年）

↓ 探索建筑理念不用设计具体建筑，而是需要建筑师挑战自我去发现新的空间体验方式。用户可以背着该装备，用它来创建可调节的私人空间。制作该装备锻炼了学生的车间技能，挑战了学生（和我们）对如何创造隐私的认知。**便携式空间**（塞尔汉·艾哈迈德·塔克巴斯，2012 年）

接受挑战

　　用同样的方法做同样的事情既无聊又没有意义。作为创意从业者，设计师应积极探索和创造新的事物，挑战自己的想法。

　　在制定你的设计过程时，反思是推进新的工作方式的最佳机会，包括尝试新的构思方法和学会新的绘图、建模、数字化生产等技能。保持好奇、多多提问，是挑战自我的开始。观察周围的世界，找到未知事物并进行研究，思考如何将它们融入你的设计实践。

　　当你建立了针对建筑不同方面的设计方法的资料库时，你的设计过程将会蓬勃发展。每个项目都不一样，每块场地都各具特色，你需要使用不同的方式来启动项目、探索语境。不同的观众会接收不同类型的信息，你需要掌握各种各样的交流技巧。如何将这些技能融入你的设计？你需要不断地实验，挑战自己，审视自己的想法。

忠于自我

设计过程同样是你的作品，它会展现你的思维方式、你所看重的事物，以及你想如何影响周围的世界。

你的设计过程应基于你的想法和观点。想要成为一名设计师，你可以（并且应该）尝试不同的工作方式，采用不同的设计方法。你可以观察他人的设计成果和工作方式，作为学习和探索的途径，但是最终，你必须找到自己的路。

↓+→ 你的设计方法会展现你的思维方式和你对世界的认知。根据奥莉·卡斯泰－布龙（Orly Castel-Bloom）的喜剧恐怖小说《多莉城》（*Dolly City*，1993 年）中描述的空间，阿米尔·托马佐夫和萨希·雷什特创作了支离破碎的模型。这一模型既是对小说的演绎，又表达了他们的设计构思——破坏中蕴含着终结与重生的潜力。**多莉城概念模型 8 号**（以色列，阿米尔·托马佐夫和萨希·雷什特，2008 年）

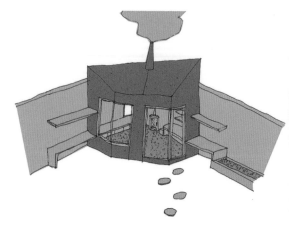

想要擅长任何一件事情都需要多加练习，设计也一样。只试过寥寥几次，你是无法掌握设计的。成功的建筑师每时每刻都在思考设计——即使他们没有处在设计实践中。同样，你需要持续地打磨自己的设计技能：草稿、制图、建模。你还需要不断地寻找那些激发灵感、丰富认知的新鲜事物。

马尔科姆·格拉德威尔的著作《异类》（*Outliers*，2008 年）让"10 000 小时法则"的概念深入人心：想要成为某个领域的专家，至少需要 10 000 个小时的练习。成为一名优秀的设计师需要 10 000 个小时吗？不，也许需要一生。但如果你能制定出自己的设计过程——不停地学习、探寻、思考，一个项目接着一个项目，一个设想接着一个设想，你会沉浸其中，忘却时间。

↖+↑ 每个设计师都应该找到自己的"声音"——一种独特的工作方式。阿普尔顿·韦纳在项目中使用了手绘。简单直接的草图，简单直接的建筑材料和细部。这座小巧的、贴满小砖的工作室为艺术家提供了一个非常实用的工作空间，又在都市花园里呈现出精致的外观。**艺术家工作室**（英国伦敦，阿普尔顿·韦纳，2013 年）

↘+↘+↘+ ↘↗ 桑卡克拉尔清真寺的设计起源于"清真寺没有预设的形式"这一概念。建筑师想要创造指向内心世界的光与物质的空间，来回避文化参照。埃姆雷·阿罗拉特建筑事务所以语境为出发点，提出了一系列的问题，涉及本土、地域、文化和社会。以这些问题为支点，以用户需求和语境条件为起点，设计过程徐徐推进。对于建筑师来说，每个项目都是一个调查与反思的全新旅程。**桑卡克拉尔清真寺**（土耳其伊斯坦布尔，埃姆雷·阿罗拉特建筑事务所，2012 年）

拓展阅读

克里斯托弗·亚历山大（Christopher Alexander），《形式综合论》（哈佛大学出版社，1974 年）

加斯东·巴什拉（Gaston Bachelard），《空间的诗学》（企鹅经典，2014 年）

蒂姆·布朗（Tim Brown），《IDEO，设计改变一切：设计思维如何变革组织和激发创新》（哈珀商业出版公司，2009 年）

奈杰尔·克罗斯（Nigel Cross），《设计师式认知》（伯克豪斯出版社，2007 年）

奈杰尔·克罗斯，《工程设计方法：产品设计策略》（第四版）（约翰·威利出版社，2008 年）

奈杰尔·克罗斯，《设计思考》（伯格出版社，2011 年）

戴维·德尔尼（David Dernie），《建筑绘画与技法》（劳伦斯·金出版社，2014 年）

《教育者的设计思维》，来源：http://www.designthinking foreducators.com（2016 年 12 月 23 日）

休·杜伯利（Hugh Dubberly），《您如何设计？》，来源：http://www.dubberly.com/articles/how-do-you-design.html（2016 年 12 月 23 日）

尼克·邓恩（Nick Dunn），《建筑模型制作》（劳伦斯·金出版社，2014 年）

迈克尔·J·法兰奇（Michael J. French），《工程师的概念设计》（施普林格出版社，1998 年）

吉尔伯特·戈尔斯基（Gilbert Gorski），《混合绘图技法：设计过程及案例展示》（劳特利奇出版社，2014 年）

卡萝尔·格雷，米利安·马林斯（Gray Carole & Malins Julian），《可视化研究：艺术和设计研究过程指南》（劳特利奇出版社，2004 年）

贝拉·马丁，布鲁斯·汉宁顿（Bella Martin & Bruce Hanington），《通用设计方法：研究复杂问题、开发创新思维和设计有效方案的 100 种方法》（罗克波特出版社，2012 年）

菲尔·哈伯德，罗伯·基钦（Phil Hubbard & Rob Kitchin），《空间和场地的理论研究》（塞奇出版社，2010 年）

克里斯托弗·琼斯（Christopher Jones），《设计方法：人类未来的种子》（约翰·威利出版社，1970 年）

马克·卡兰（Mark Karlen），《建筑设计空间规划》（约翰·威利出版社，2016 年）

布莱恩·劳森（Bryan Lawson），《设计专家》（劳特利奇出版社，2009 年）

布莱恩·劳森，《设计师怎样思考——解密设计》（劳特利奇出版社，2006 年）

尼尔·林奇（Neil Leach），《建筑的反思：文化理论的读者》（劳特利奇出版社，1997 年）

亨利·列斐伏尔（Henri Lefebvre），《空间的生产》，（威利·布莱克威尔出版社，1991 年）

娜塔莎·梅瑟（Natascha Meuser），《建筑绘图教程：施工和设计手册》（DOM 出版社，2015 年）

卡罗琳·奥唐奈（Caroline O'Donnell），《利基策略：建筑与场地间的生成性关系》（劳特利奇出版社，2015 年）

埃里克·帕里（Eric Parry），《环境：建筑和场所精神》（约翰·威利出版社，2015 年）

唐纳德·A·舍恩（Donald A. Schon），《反映的实践者：专业工作者如何在行动中思考》（基础书籍出版社，1984 年）

亚当·沙尔（Adam Sharr），《阅读建筑与文化》（劳特利奇出版社，2012 年）

阿尔伯特·史密斯，肯德拉·尚克·史密斯（Albert C. Smith & Kendra Schank Smith），《深化设计流程：工作室的六个关键概念》（劳特利奇出版社，2014 年）

图片来源

T 表示上，B 表示下，C 表示中，L 表示左，R 表示右。
未列出的图片由作者提供。

6: 扎哈·哈迪德建筑事务所，摄影：伊万·班（Iwan Baan）

7L: 伦佐·皮亚诺建筑工作室，摄影：尼克·勒霍（Nic Lehoux）

7R: 赫尔佐格和德梅隆，摄影：乔恩·帕里（Jon Parry）

8L: 伊梅伦雄（Imelenchon）/维基共享资源

8TL: 福斯特建筑事务所，摄影：奥雷利安·吉查德（Aurelien Guichard）

8TR: 詹斯勒建筑事务所

9: 奥利维埃·奥特威尔和林君翰（香港大学）

10 - 11: 6a 建筑事务所，摄影：约翰·德林（Johan Dehlin）

12: 玛丽兰·阮（Marie-Lan Nguyen）

13: March 建筑工作室，摄影：约翰·高林斯（John Gollings）

14: SOMA 建筑事务所

15L: Najas 建筑事务所，摄影：塞巴斯蒂安·克雷斯波（Sebastian Crespo）

15R: Najas 建筑事务所

16: Zago 建筑事务所

17: Alma-nac 建筑事务所，摄影：理查德·奇弗斯（Richard Chivers）

18: Alma-nac 建筑事务所

20: MAMOTH+BC 建筑事务所，摄影：弗兰克·斯塔贝尔（Frank Stabel）

21T: CVDB 建筑事务所

21B: CVDB 建筑事务所，图片来源：invisiblegentleman.com

22: 伦佐·皮亚诺建筑工作室

23T: DSDHA 建筑事务所

23B: OPEN 建筑事务所

24T: 奥唐奈 + 托米建筑事务所

24B: ODA 建筑事务所

25B: PICO Estudio 建筑事务所，摄影：巴巴拉·萨曼（Bárbara Saman）、塞萨尔·菲格罗亚（César Figueroa）

26: FKL 建筑事务所，摄影：杰夫·博尔威斯（Jeff Bolhuis）、迪亚米德·布罗菲（Diarmaid Brophy）、米歇尔·法根（Michelle Fagan）、保罗·凯利（Paul Kelly）、加里·莱萨格特（Gary Lysaght）

27TL、27B: DSDHA 建筑事务所

27TR: DSDHA 建筑事务所，摄影：埃德蒙·萨默（Edmund Summer）

28B: 阿什利·弗里德

29: DSDHA 建筑事务所

30T: 伦佐·皮亚诺建筑工作室

30B: 艾丽斯·弗莱明（Elise Fleming）

31: 若阿金·梅拉 /m2p 建筑事务所

33: FKL 建筑事务所，摄影：杰夫·博尔威斯、迪亚米德·布罗菲、米歇尔·法根、保罗·凯利、加里·莱萨格特

33: 马克斯·杜德勒（Max Dudler）

34: 杰克·依德里（Jack Idle）

35: 伏尔加·哈丹诺维奇

36 - 39: Fluid 工作室（联合 AECOM）

40: 伊恩·兰伯特（Ian Lambert）

41: 张雷联合建筑事务所，摄影：李瑶

42T: 亨利和萨利

42B: 亨利和萨利，摄影：保罗·奥特（Paul Ott）

43T: 埃雷罗斯建筑事务所

43B: 3GATTI 建筑工作室

44: PLASMA 工作室

45: Duval+Vives 建筑工作室

47: MAAD 建筑事务所

48 - 49: Autodesk

52: 英国皇家建筑师学会（RIBA）

62 - 63: OPEN 建筑事务所

64T: 约翰·海杜克 /Otonomo 建筑事务所，布莱恩·博耶 / bryanboyer.com

64B: 现代艺术博物馆（MoMA）/ 斯卡拉（Scala）

65TR、65CR: 迪勒·斯科菲迪奥 + 伦弗洛

65BL: 迪勒·斯科菲迪奥 + 伦弗洛，摄影：贝亚特·威德默（Beat Widmer）

BR: 迪勒·斯科菲迪奥 + 伦弗洛

66L: 里伯斯金工作室，摄影：韦伯航空（Webb Aviation）

66R: 里伯斯金工作室

67TL、67B: 里伯斯金工作室，摄影：比特布雷特（BitterBredt）

67TR: 里伯斯金工作室

68: 尼尔·卡明斯（Neil Cummings）

70: DACS 2017，摄影：MF 工作室

71: DACS 2017，摄影：卢卡斯·蒙塔涅（Lucas Montagne）

72: ASK 工作室，摄影：卡梅伦·坎贝尔（Cameron Campbell）、英特格拉特德工作室（Integrated Studio）

73：费利克斯·坎德拉（Felix Candela）和阿尔贝托·多明戈（Alberto Domingo）

74T、74B：杜克·莫塔建筑事务所，摄影：费尔南多·瓜拉（Fernando Guerra）、FG+SG 工作室

74C：杜克·莫塔建筑事务所，摄影：罗德里戈·杜克·莫塔（Rodrigo Duque Motta）

75：杜克·莫塔建筑事务所，摄影：费尔南多·瓜拉（Fernando Guerra）、FG+SG 工作室

76 - 78：大卫·科洛西斯，摄影：乔迪·苏罗卡（Jordi Surroca）

79T：丹顿·科克·马歇尔（Denton Corker Marshall），摄影：罗伯特·史密斯（Robert Smith）/ 英国遗产

79B：丹顿·科克·马歇尔

80T、80BL：LAN 建筑事务所，摄影：朱利安·拉努（Julien Lanoo）

81：LAN 建筑事务所，摄影：朱利安·拉努

82：国会图书馆打印与复印部

83：福斯特建筑事务所，摄影：迈凯伦

84T、84BL：巴科雷宾格建筑事务所，摄影：大卫·弗兰克（David Franck）

84BC：巴科雷宾格建筑事务所

84BR：巴科雷宾格建筑事务所，摄影：大卫·弗兰克

85：巴科雷宾格建筑事务所，摄影：大卫·弗兰克

86T：伊万·萨瑟兰（Ivan Sutherland）

87：赖泽 + 梅本建筑事务所

88 - 89：扎哈·哈迪德建筑事务所

90L：UN 工作室，摄影：彼得·德·钟（Peter de Jong）

90R：UN 工作室，摄影：彼得·冈泽尔（Peter Guenzel）

91T、91CL：UN 工作室

91C：UN 工作室 / 奥雅纳安装（Arup Installations）

91CRT、91CRB：UN 工作室 / 奥雅纳结构（Arup Structure）

91B：UN 工作室

92：甘建筑工作室

93：甘建筑工作室，摄影：史蒂夫·霍尔（Steve Hall）、赫德瑞奇·布莱辛（Hedrich Blessing）

94 - 95：丹尼尔·约瑟夫·费尔德曼·莫尔曼（Daniel Joseph Feldman Mowerman）、伊万·达里奥·基尼奥内斯·桑切斯（Ivan Dario Quinones Sanchez）

96 - 97：ARAD 设计公司

98：张秀贤工作室（Atelier Chang），摄影：申景燮（Kyungsub Shin）

99T：阿什利·弗里德

100：MAMOTH+BC 建筑事务所，摄影：弗兰克·斯塔贝尔（Frank Stabel）

101T：泰福毕建筑事务所，摄影：尼克·赫夫顿（Nick Hufton）

101BL：泰福毕建筑事务所

101BR：泰福毕建筑事务所，摄影：尼克·赫夫顿

102T、102B：AND 建筑事务所，摄影：申景燮

102C：AND 建筑事务所

103L：Najas 建筑事务所，摄影：塞巴斯蒂安·克雷斯波（Sebastian Crespo）、埃斯特万·纳哈斯（Esteban Najas）

103TR、103BR：FKL 建筑事务所，摄影：杰夫·博尔威斯、迪亚米德·布罗菲、米歇尔·法根、保罗·凯利、加里·莱萨格特

104：康兰建筑事务所，摄影：保罗·雷塞德（Paul Raeside）/ OTTO

105：Arkitema 建筑事务所

106TL、106TR：哈弗斯托克事务所，摄影：哈弗顿 + 克罗工作室（Hufton+Crow）

106BL：哈弗斯托克事务所

106BR：哈弗斯托克事务所，摄影：哈弗顿 + 克罗工作室

107T：斯诺赫塔建筑事务所，摄影：埃克·埃森·林德曼（Åke E:son Lindman）

107B：斯特里德·特里格洛恩（Stride Treglown）建筑事务所 / ORMS

108T、108C：斯坦顿·威廉姆斯建筑事务所，摄影：杰克·霍布豪斯（Jack Hobhouse）

108B：斯坦顿·威廉姆斯建筑事务所

109 - 111：斯坦顿·威廉姆斯建筑事务所

112：普雷文·奈多（Previn Naidoo）

113：RSHP 建筑事务所

114 - 117：VTiM 建筑事务所，安吉尔·马丁内斯·巴尔多（Angel Martinez Baldo）

118：路易斯·潘恩（Lewis Paine）

119：丽贝卡·法默（Rebecca Farmer）

120：彼得·艾森曼建筑事务所

121：扎哈·哈迪德建筑事务所

122：比阿特丽斯·瓜兹（Beatrice Guazzi）

123T：安妮·贝拉米（Anne Bellamy）

123B：莉莉·帕帕多普洛斯（Lily Papadopoulos）

124 - 125：爱丽丝·迈尔（Alice Meyer）

126：奥唐奈 + 托米建筑事务所

127T：若阿金·梅拉 /m2p 建筑事务所

127B：关善明建筑师事务所

128：亨宁·拉森建筑事务所，摄影：马丁·舒伯特（Martin Schubert）

129：亨宁·拉森建筑事务所，摄影：詹斯·林德（Jens Lindhe）

130：阿普尔顿·韦纳建筑事务所

131T：亨宁·拉森建筑事务所

131B：伍兹·贝格建筑事务所

132：Zago 建筑事务所

133T：岩本司各特建筑事务所

133B：安德鲁·塞兹（Andrew Sides）

134：达鲁妮·特德通塔维德（Darunee Terdtoontaveedej）

135：塞尔汉·艾哈迈德·塔克巴斯（Serhan Ahmet Tekbas）

136TR：马斯塔德建筑事务所（Mustard Architects）

136BL：里伯斯金工作室

137：西蒙·阿斯特里奇建筑工作室

138：RTKL 建筑事务所

139：威廉·史密斯

140：DSDHA 建筑事务所

141T：DSDHA 建筑事务所

141B：露西·斯塔皮尔顿·史密斯（Lucy Stapylton-Smith）

142 - 143B：ALA 建筑事务所

143T：阿吉斯·莫雷拉托斯（Agis Mourelatos）、斯皮罗斯·约塔基斯（Spiros Yiotakis）

144：伍兹·贝格建筑事务所

145：斯坦顿·威廉姆斯事务所

146L：赫尔佐格和德梅隆建筑事务所，摄影：德特莱夫·肖伯特（Detlef Schobert）/ 视野工作室

147R：赫尔佐格和德梅隆建筑事务所，摄影：哈弗顿 + 克罗工作室

147：本内茨建筑事务所，摄影：哈弗顿 + 克罗工作室

148：本内茨建筑事务所

149：Autodesk

150：詹斯勒建筑事务所，摄影：沈宗海

151：MAMOTH+BC 建筑事务所，摄影：卡罗尔·弗尼尔（Carole Fournier）

152：斯特里德·特里格洛恩建筑事务所，摄影：汤姆·布莱特（Tom Bright）

154 - 157：斯特里德·特里格洛恩建筑事务所

158：斯特里德·特里格洛恩建筑事务所，摄影：汤姆·布莱特

159 - 160：斯特里德·特里格洛恩建筑事务所

161：斯特里德·特里格洛恩建筑事务所，摄影：汤姆·布莱特

162 - 163：斯特里德·特里格洛恩建筑事务所

164T：斯特里德·特里格洛恩建筑事务所

164BL：斯特里德·特里格洛恩建筑事务所

164BR：斯特里德·特里格洛恩建筑事务所，摄影：汤姆·布莱特

165T：斯特里德·特里格洛恩建筑事务所，摄影：汤姆·布莱特

165B：斯特里德·特里格洛恩建筑事务所

167：斯特里德·特里格洛恩建筑事务所

168L：斯特里德·特里格洛恩建筑事务所

168R：斯特里德·特里格洛恩建筑事务所，摄影：汤姆·布莱特

169：斯特里德·特里格洛恩建筑事务所，摄影：汤姆·布莱特

170：斯特里德·特里格洛恩建筑事务所

171：斯特里德·特里格洛恩建筑事务所，摄影：汤姆·布莱特

174 - 175：斯特里德·特里格洛恩建筑事务所

176：斯特里德·特里格洛恩建筑事务所，摄影：空中景观摄影公司

177TR：斯特里德·特里格洛恩建筑事务所

177BR：斯特里德·特里格洛恩建筑事务所，摄影：空中景观摄影公司

178TR：斯特里德·特里格洛恩建筑事务所

179TR：斯特里德·特里格洛恩建筑事务所，摄影：汤姆·布莱特

180：March 建筑工作室，摄影：约翰·高林斯（John Gollings）

181：德尼亚利·塞纳纳耶克（Denyali Senanayake），摄影：安德鲁·塞兹

182TL：奥利维亚·菲利普斯（Olivia Phillips）

182TR：达鲁妮·特德通塔维德

182BR：索尔多·马达莱诺建筑事务所，摄影：保罗·里维拉（Paul Rivera）

183T：爱丽丝·迈尔

183B：若阿金·梅拉 /m2p 建筑事务所

184TL：GEZA 建筑事务所，摄影：马西莫·克里维拉里（Massimo Crivellarit）

184TC：法哈德·阿尔索（Fahad Alsaud）

184BR：塞尔汉·艾哈迈德·塔克巴斯，摄影：安德鲁·塞兹

185：阿米尔·托马佐夫（Amir Tomashov）、萨希·雷什特（Sagi Rechter）

186TL：阿普尔顿·韦纳建筑事务所，摄影：林登·道格拉斯（Lyndon Douglas）

186TR：阿普尔顿·韦纳建筑事务所

187T、187BL：埃姆雷·阿罗拉特建筑事务所，摄影：塞马尔·埃姆登（Cemal Emden）

187BR：埃姆雷·阿罗拉特建筑事务所，摄影：托马斯·迈尔（Thomas Mayer）

特别鸣谢

艾伦·阿特利（Alan Atlee）

帕特里夏·奥斯汀（Patricia Austin）

米克尔·阿兹科纳·乌里韦（Mikel Azcona Uribe）

菲利普·鲍尔（Philip Ball）

乔纳森·巴拉特（Jonathan Barratt）

约翰·贝尔（John Bell）

豪尔赫·贝罗伊斯（Jorge Beroiz）

迪恩与伊莱恩·比德尔（Dean & Elaine Biddle）

塞西尔·布里萨克（Cecile Brisac）

奥斯卡·布里托（Oscar Brito）

西蒙·巴克利（Simon Buckley）

伊万·卡布雷拉·福斯托（Ivan Cabrera Fausto）

塞巴斯蒂安·卡米苏里（Sebastian Camisuli）

葆拉·卡德利斯·莫斯泰罗（Paula Cardells Mosteiro）

鲁伊·卡瓦列罗（Rui Carvalheiro）

周志忠（ChiChung Chow）

卡萝尔·科利特（Carole Collet）

尼尔·卡明斯（Neil Cummings）

巴西亚·卡明斯·勒万多斯卡（Basia Cummings-Lewandowska）

塞西莉亚·达勒（Cecilia Darle）

马克·迪恩（Mark Dean）

胡安·德尔特尔（Juan Deltell）

马克·德姆斯基（Mark Demsky）

比利·迪金森（Billy Dickinson）

德博拉·多明格斯·卡拉维格（Deborah Dominguez Calabuig）

多米尼克·伊顿（Dominic Eaton）

莉兹·费伯（Liz Faber）

丹尼尔·费尔德曼（Daniel Feldman）

黛西·弗劳德（Daisy Froud）

莎拉·戈德史密斯（Sara Goldsmith）

埃德加·冈萨雷斯（Edgar Gonzalez）

大卫·古德曼（David Goodman）

诺尔玛·古尔德（Norma Gould）

纳塔莉·格勒农（Nathalie Grenon）

德斯皮娜·哈吉洛卡（Despina Hadjilouca）

李与克莱尔·哈索尔（Lee & Clare Hassall）

马特·海科克斯（Matt Haycocks）

乔纳森·海利斯（Jonathan Healiss）

凯瑟琳·赫恩（Kathryn Hearn）

阿曼达·霍普金斯（Amanda Hopkins）

汉娜·霍华德（Hannah Howard）

海迪与布莱恩·库宾斯基（Heidi & Brian Kubinski）

海伦和柯克·勒沃伊（Helen & Kirk Le Voi）

奈杰尔·利（Nigel Lea）

乔纳森·利亚（Jonathan Leah）

李嘉琳（Karina Lee）

汤姆·林德布鲁姆（Tom Lindblom）

劳拉·利松多·塞维利亚（Laura Lizondo Sevilla）

帕姆·洛克（Pam Locker）

斯蒂芬·梅德（Stephan Maeder）

伊丽莎白·梅金森（Elizabeth Makinson）

安东尼·马克斯图蒂斯（Anthony Makstutis）

凯瑟琳·马克斯图蒂斯（Kathleen Makstutis）

罗伯特·曼索（Robert Mantho）

安吉尔·马丁内斯·巴尔多（Angel Martinez Baldo）

安娜·马丁斯（Ana Martins）

珍妮特·麦克唐纳（Janet McDonnell）

汉斯和乔·奥德（Hans & Jo Odd）

艾伦·帕森斯（Allan Parsons）

安德鲁·皮克尔斯（Andrew Pickles）

简·拉普利（Jane Rapley）

拉拉·雷通迪尼（Lara Rettondini）

帕特里克·理查德（Patrick Richard）

桑德拉·罗斯（Sandra Rose）

格雷格·罗斯（Greg Ross）

皮耶罗·萨尔托戈（Piero Sartogo）

爱丽卡·萨尔托戈（Elica Sartogo）

简·斯科特（Jane Scott）

内巴·塞拉（Neba Sera）

托马斯·希恩（Thomas Sheehan）

安德鲁·塞兹（Andrew Sides）

马克·辛普金斯（Mark Simpkins）

安妮·史密斯（Anne Smith）

莎莉·斯图尔特（Sally Stewart）

亚历克斯·泰特（Alex Tait）

戈登·泰罗（Gordon Tero）

乔恩·托利特（Jon Tollit）

伊丽莎白·沃克（Elizabeth Walker）

威廉·惠特科姆（William Whitcombe）

保罗·威廉姆斯（Paul Williams）